少年探索者

300个
神奇好玩的
科学 实验 游戏

谈旭◎主编

北京工业大学出版社

图书在版编目（CIP）数据

300个神奇好玩的科学实验游戏 / 谈旭主编. — 北京：北京工业大学出版社，2018.7

（少年探索者）

ISBN 978-7-5639-5923-5

Ⅰ.①3… Ⅱ.①谈… Ⅲ.①科学实验–少年读物

Ⅳ.①N33-49

中国版本图书馆 CIP 数据核字（2018）第 001297号

300 个神奇好玩的科学实验游戏

主　　编：谈　旭

责任编辑：丁　娜

封面设计：芒　果

出版发行：北京工业大学出版社

　　　　　（北京市朝阳区平乐园 100 号　邮编：100124）

　　　　　010–67391722(传真)　bgdcbs@sina.com

出 版 人：郝　勇

经销单位：全国各地新华书店

承印单位：北京柯蓝博泰印务有限公司

开　　本：710 毫米×1000 毫米　1/16

印　　张：16

字　　数：189 千字

版　　次：2018 年 7 月第 1 版

印　　次：2018 年 7 月第 1 次印刷

标准书号：ISBN 978-7-5639-5923-5

定　　价：39.80 元

前言

1

美国哈佛大学的实验室每年都会提供一次向公众开放的机会，大家可以到高科技的实验室里参观，感受前沿科技带来的新知识。

比如，可乐为何会爆发，水为什么烧不热，苹果为什么能吃掉油腻……这些看似无比神奇的科学游戏，其实压根不用特殊的仪器和高深的技巧，只需要一点点耐心和细心，每个小朋友，都可以创造让人眼前一亮的奇迹。

正如古人所言："纸上得来终觉浅，绝知此事要躬行。"唾手可得的知识往往迅速被遗忘，而亲手验证过的知识却能铭刻于心。

让小朋友亲手做科学实验，正是本书的宗旨。

2

本书通过有趣的含金量较高的 300 个游戏，将生活中的各类现象以通俗易懂、有趣好玩的形式展现在读者面前，让孩子们在玩中学到知识。

通过阅读本书，父母可搜集一些不难得到的材料，和孩子亲自动手实验，来一步一步解答我们心中对于科学的一些疑问。

游戏的设计原则：简单，安全，可操作性强，效果神奇，材料容易获得。

建议家长和小朋友一起，在家布置一个科学角。注意收集废旧物品，比如饮料瓶、酒瓶、盒子、牛奶杯、泡沫塑料……并购买一些常用材料,比如各种吸管、橡皮筋、卡纸……购置一些常用工具,比如小电钻、剪刀、打孔器、螺丝刀、老虎钳……

实验的原理可以不去深究,激发兴趣是第一位的。

3

涉及动植物的实验,请心存敬畏。做实验的目的是认识大自然的规律和它的伟大,而不是为了玩弄它。

那些有强烈反应的实验,为了安全起见,这些游戏要在家长的辅助之下完成,建议父母陪孩子一起做,这不仅可以提高孩子的想象力、动手能力,还能寓教于乐,增加父母和孩子之间的互动。

愿您和您的孩子携手,共同成长,共同进步,共同成就孩子的美好未来。同时,您也可以收获一份久违的喜悦和童心,在繁忙的工作中找到别样的亲子乐趣!

目 录

第一章　万能的空气与水

第二章 炫酷的光与影

第三章　玄妙的电与磁

第四章　角逐的冷与热

第五章　奇幻的声音与振动

第六章　顽皮的植物

第七章　博弈的力与波

第八章　神秘的分子与化学

第九章　奇趣的动物

第十章　生活中的科学

第一章

万能的空气和水

气球为何扎不破？

在我们的生活经验里，气球都是一扎就破的。可是在下面的游戏里这个气球却扎不破，这是为什么呢？

必备材料：

气球，透明胶带，细绳，长铁丝。

开始游戏：

(1)把气球吹大，用细绳扎紧气球口。

(2)在气球一侧粘一条透明胶带，然后在与之相对的另一侧上也粘一条透明胶带。

(3)把细铁丝从气球一侧的胶带上扎过去，然后从另一侧的胶带上拔出来。你会发现气球并没有"啪"的一声爆炸。

游戏揭秘：

当气球被扎破时，溢出的空气会形成一股压力，由于透明胶带比较坚固，所以它能抵挡住这种压力，迫使气体缓缓从铁丝扎出的小孔处冒出，避免气球"啪"的一声爆炸。

可乐为何会爆发？

往可乐里添加一小勺发酵粉，你就会看到惊人的"火山爆发"。

必备材料：

半瓶可乐，发酵粉，塑料盆。

开始游戏：

(1)将可乐瓶打开,倒出一部分可乐,然后将可乐瓶放在塑料盆里。

(2)往可乐瓶里加入一小勺发酵粉,你会发现可乐瓶立刻出现"火山爆发"的奇景。

游戏揭秘：

发酵粉的主要成分是小苏打,是不少家庭的常备品,小苏打也就是碳酸氢钠,碳酸氢钠溶于水时,就会产生二氧化碳。而可乐是碳酸饮料,本身就含有大量的二氧化碳。可乐中的二氧化碳和碳酸氢钠溶解产生的二氧化碳一起冒出,就出现了类似火山爆发的景象。

硬币怎么会跳舞呢?

硬币怎么会"跳舞"呢? 你做一做这个小游戏,就能看到这种有趣的情景了。

必备材料：

一枚五角硬币,一只小口的玻璃空瓶(可用汽水瓶、牛奶瓶或合适的药水瓶,要求瓶口稍小于硬币直径)。

开始游戏：

(1)先在瓶口边缘滴几滴水,小心地把硬币盖在瓶口上,并刚好封住。

(2)现在,用你的双手捂住这只空瓶。

(3)如果想表演"露一手",可以夸张地做出挤压瓶子的动作。

(4)不一会儿,瓶口的硬币就一跳一跳,好像是你挤出瓶里的空气使硬币跳起舞来。

游戏揭秘：

其实,任何人都不至于力气大得能挤扁玻璃瓶,再说玻璃瓶要真能挤得动,也就碎了。"硬币跳舞"的真正原因,是你手上的热量把瓶里的空气焐热了,热空气膨胀,瓶内空气压强增大,一次次地顶开瓶口的硬币,放出一部分空气。甚至当你的手离开瓶子后,硬币还会跳上几次。要想让这个游戏做成功,就要注意:在气温较低时,先把双手在热水里浸一下,或者将两手的手心不断对搓,提高手的温度;当气温较高时,若先把瓶子放在冰箱的冷藏室里冷却一下,就更有把握成功了。

两个100毫升相加一定是200毫升吗?

在下面的游戏里1+1=2的运算法则失效了,这是怎么一回事呢?

必备材料:

3个200毫升的量筒,酒精,水。

开始游戏:

(1)先取100毫升的酒精,然后再量取100毫升的水。

(2)将这两个量筒的液体倒入第3个量筒里面,我们会惊讶地发现量筒里的液体不足200毫升。

游戏揭秘:

这是因为液体是由分子组成的,当水和酒精混合后,分子间的吸引力较之单纯的水分子和酒精分子之间要大一些,这样分子之间的间隙就会减少,混合液的总体积也就减少了。

大水为何冲不走乒乓球?

必备材料:

一个大洗脸盆和一个乒乓球。

开始游戏：

把洗脸盆放在自来水龙头底下，打开水龙头，先放进半盆水，然后把乒乓球放在水流落点处。

这时候，你绝对想象不到的怪事发生了：强大的水流竟然冲不走轻飘飘的乒乓球，好像有一种吸力，把乒乓球牢牢"禁闭"在水流里，无论你把水开得多大，都不会把它"赶出来"。

游戏揭秘：

这一现象该怎样解释？原来，这是物理学上"伯努利定理"的一种表现。除了我们看得见的水流，还有我们看不到的被水流带动着向下流动的空气。根据伯努利定理，乒乓球和水流之间的大气压强比乒乓球另一边的大气压强要小得多，于是水流就把球吸了进去（实际上是被空气吸进去的）。在水流里面，伯努利定理仍然存在：贴近乒乓球的水流速度大、压强小，外层的水流速小、压强大，而且四周的压力基本相等，所以它只能在水里不断翻滚，却永远无法逃脱，除非关闭水龙头。

难道它是"死亡气体"？

必备材料：

两只玻璃杯，一瓶汽水，窗纱，苍蝇，一盒火柴。

开始游戏：

（1）2只玻璃杯：1只装上自来水，1只装上刚刚从汽水瓶中倒出来的新鲜汽水（用啤酒也可以）；用窗纱做一个小盒子，盒内装入活苍蝇1至2只。

（2）把装有苍蝇的小纱网盒放入装有自来水的杯子中，让它接近水面，盒中的苍蝇不受任何影响，还能活得很好。

（3）把盒子和活着的苍蝇一齐放进盛有汽水的玻璃杯中，也让它接近液面，这时奇怪的现象出现了：盒里的苍蝇变得极不安宁，拼命挣扎，好像难受极了，过不了一会儿就都死去了。

（4）我们再把点燃的火柴放在自来水的水面上方，火柴继续燃烧；把正在燃烧的火柴放在盛有新鲜汽水的杯子的水面上，燃烧着的火柴立即熄灭了。这是什么原因呢？难道汽水中有可怕"死亡气体"？

游戏揭秘：

这是因为从汽水中冒出来的"气"是二氧化碳，所以在汽水表面聚集着浓浓的二氧化碳层，而原先在杯中的氧气和其他气体被排挤到杯子外面去了。在二氧化碳气体中，任何昆虫或动物都不能生存，火柴也不能燃烧。

蜡烛为何沉入水底？

蜡烛的密度比水的密度小，所以它会漂浮在水面上，在下面的游戏里，我们可以用一个小技巧让它沉入水底。

必备材料：

透明的玻璃水缸，短蜡烛，玻璃杯。

开始游戏：

（1）向水缸中倒入 2/3 容积的清水，将蜡烛头放在清水中，你会发现它漂浮在水面上。

（2）用玻璃杯罩住水面上的蜡烛，然后松开手。随着玻璃杯的慢慢下沉，杯内的水面也在降低，蜡烛也随之慢慢下沉，最后和水杯一起沉入水底。

游戏揭秘：

蜡烛的下沉是自身重力和空气压力作用的缘故。当杯口压在水面上时,杯子里的空气就会保持一定量。杯子继续下沉的时候,杯内的空气就会被压缩。杯内空气体积缩小、压强增大,这时杯内的气体压强比外面的压强要大。于是原本浮在水面上的蜡烛也被杯内气体压力向下压,直至沉入水底。

空瓶为何倒不进去果汁?

明明空无一物的瓶子却倒不进去果汁,这是为什么呢?

必备材料:

橡皮泥,细口玻璃瓶,漏斗,果汁。

开始游戏:

(1)把漏斗插进玻璃瓶,然后用橡皮泥密封瓶口与漏斗之间的缝隙(注意:瓶口完全密封,效果才能更好)。

(2)往漏斗里倒一些果汁,你会发现果汁像被空气中的一只无形的手托住一样不能从漏斗口往下流。

游戏揭秘:

看似空无一物的瓶子里实际上充满了空气,由于用橡皮泥密封了瓶口与漏斗之间的缝隙,所以通过漏斗往瓶子里倒果汁时,瓶子里的空气无法"逃出来",产生的大气压阻止了果汁往下流。

冷空气为何能从上面"倒"下来?

炎热的夏天,你是不是特别爱打开冰箱,因为打开的时候,一股冷气会迎面扑来。其实你还可以自己把冷气从上面"倒"下来哦!

必备材料：

一个纸箱，电冰箱。

开始游戏：

(1)将一个纸箱放入电冰箱里 1 至 2 分钟。

(2)取出后小心地盖好纸箱盖。

(3)把纸箱拿到一个温暖无风的房间里。

(4)把箱子举过头，轻轻揭开箱板，像倒水一样将箱子里的空气往仰着的脸上"倒"。

(5)这时，你立即会感到，有股冷飕飕的气流扑面而来。

游戏揭秘：

这是因为热空气与冷空气相比，冷空气的比重大，所以，从冰箱里取出的冷空气能从上面"倒"下来，不会飘走。

你能在瓶中吹气球吗？

必备材料：

气球，一个空汽水瓶。

开始游戏：

选一个弹性好、容易吹起来的气球，把它放入一个空汽水瓶里，把气球的橡皮嘴套在瓶口上。你能把气球吹得充满整个汽水瓶吗？

你以为这样做很容易吗？不，这是办不到的事。

游戏揭秘：

你要想把汽水瓶中的气球吹起来，就必须压缩气球和瓶子之间的空气。压缩空气需要很大的力，用嘴吹气是无法做到这一点的。

为何杯子里不能"装满"水?

必备材料:

一只杯子,一些硬币,以及适量的水。

开始游戏:

(1)向一个干燥的杯子中灌入水,但不要让水溢出。

(2)往杯子里面放入硬币,观察杯子里水面的高度,你发现了什么?

(3)当你再向杯子里放入硬币的时候,就算已经放了很多硬币,但是杯子里的水还是溢不出来。

游戏揭秘:

当你向杯子里投硬币后,杯子里的水面呈一个小山丘的形状。这个形状的水面的表面张力最强,这是分子之间相互吸引所造成的。所以,就算你放入很多硬币,水也不会溢出。

盘子为何掉不下来?

必备材料:

一个萝卜,一个盘子,一把小刀。

开始游戏:

(1)用刀把一个新鲜的萝卜从中间切开,要求切口平整。

(2)然后用刀在半个萝卜的切面挖出一个浅浅的洞。

(3)把这个带有洞的萝卜切面朝下放在盘子上。

(4)慢慢地提起萝卜,盘子也跟着萝卜被提起来了。

游戏揭秘：

萝卜的切面上有水，当这个切面与盘子接触的时候，水就起到了类似胶水的作用。同时，萝卜上挖的小洞，形成了一个真空的状态，小洞外的压力比较大，就把盘子给托住了，这样萝卜就吸住了盘子，使盘子掉不下来。

不肯熄灭的蜡烛

还记得生日的时候，我们"呼"地一吹，蜡烛就熄灭了，但是这里的蜡烛怎么都不肯灭，为什么呢？我们来看看吧。

必备材料：

一根蜡烛，火柴，一个小漏斗，一个平盘。

开始游戏：

（1）点燃蜡烛，并固定在平盘上。

（2）使漏斗的大口正对着蜡烛的火焰，从漏斗的小口对着火焰用力吹气。

（3）使漏斗的小口正对着蜡烛的火焰，从漏斗的大口对着火焰用力吹气。

游戏揭秘：

从漏斗的小口端吹气时，火苗将斜向漏斗的大口端，不容易被吹灭。如果从漏斗的大口端吹气，蜡烛将很容易被吹灭。

吹出的气体从小口到大口时，逐渐疏散，气压减弱。这时，漏斗大口周围的气体由于气压较强，将涌入漏斗的大口内。因此，蜡烛的火焰也会涌向漏斗的大口处。

你能用两根吸管喝水吗？

用一根吸管喝水是很容易的事，你试过用两根吸管喝水吗？

必备材料：

吸管，一瓶汽水。

开始游戏：

口含两根吸管，一根插到一只装有汽水的杯子里，另一根露在杯子外面，你能从吸管中喝到汽水吗（不要用舌头堵住露在杯子外面的那根吸管，也不要用手指堵住这根吸管的另一头，否则算犯规）？

按照上面的方法喝汽水，你就是使出九牛二虎之力也无法喝到一滴汽水。

游戏揭秘：

在一般情况下，我们用吸管来喝饮料时，嘴就好比一个真空泵，吸气时口腔的气压就降低了，由于空气压力要保持平衡，外面的气压比口腔内的气压大，大气压压迫饮料的表面，就把饮料沿着吸管压到口腔里来了。如果我们口含两根吸管，那根露在杯子外的吸管会使你的口腔无法形成"真空泵"，换句话说，你的口腔这台"真空泵"漏气，这样口腔中的压力就和外面的大气压一样，饮料依然原封不动地留在杯子里，你当然就喝不到饮料了。

奇特的汽水冰块

必备材料：

一瓶汽水，冰箱，一瓶冷水。

开始游戏：

（1）将汽水放在冰箱里冷冻到快要结冰的程度（但尚未结冰），这时拿出，打开瓶盖，虽然处于室温中，但汽水却很快结出冰块来。

（2）将一瓶冷水用布包好后放入冰箱中进行冷冻，经过较长一段时间后，瓶里的水结成了冰，你会发现瓶子却被胀裂了。

游戏揭秘：

这是为什么呢？将汽水放到冰箱中时，因汽水中含有大量的二氧化碳，所以冰点较低，难以结冰。打开瓶盖，二氧化碳汽化后，冰点升高；同时，二氧化碳气化时还要吸热，使汽水的温度进一步降低。于是，瓶里的汽水很快结出了冰块。

水在结冰时体积要增大，所以瓶子被胀裂。用布包着是为了防止瓶子胀裂时玻璃碎片散落到冰箱里。

浸不湿的手帕是怎么回事？

把手帕放入水里，却不会湿，要怎样才能做到呢？

必备材料：

一块手帕，一只玻璃杯。

开始游戏：

把手帕紧紧塞在玻璃杯底部，然后把杯子倒过来朝下放入水中，这时候你会发现手帕没有湿。

游戏揭秘：

空气虽然是无形的，但它却是由细小的颗粒组成的。倒过来的杯子里仍然有空气，它能阻挡水进入杯中。如果杯子入水更深，你就会发现，还是会有一些水进入杯子，逐渐增高的水压压缩了杯中的空气。供水下作业的潜水钟罩和沉箱，就是根据这个原理制成的。

为什么吹不翻硬币？

如果不掌握技巧的话，你鼓足腮帮子也吹不翻硬币。知道这是为什么吗？

必备材料：

三枚大头针，一枚5分硬币。

开始游戏：

(1)将三枚大头针插在木平台中央，然后把一枚5分硬币放在大头针上。

(2)开始于平台平行处吹硬币，你会发现硬币纹丝不动。

游戏揭秘：

由于气流无法触到一个硬币表面光滑的边缘，它只能从硬币下面的缝隙中通过，因而减弱了气压，然而上面的大气压没变，稳稳地将硬币压在大头针上。如果你把下颌放在台面上，噘嘴向前吹气，气流将恰好直接吹到硬币下面从而把硬币吹翻。

如何吹出不易破的肥皂泡？

你想吹出又大又不易破的肥皂泡吗？那就一起来做下面的游戏吧！

必备材料：

肥皂，玻璃杯，砂糖，袋泡茶，剪刀，热水。

开始游戏：

(1)用小刀把香皂切成小薄片，放入杯子，加入热水，使其慢慢融化。

(2)向杯子中倒入少量砂糖并放进一包泡茶，盖上盖子放一夜。

(3)使用这种肥皂液来吹泡泡，保证让你大吃一惊。

游戏揭秘：

普通肥皂液吹出的泡泡容易破，是因为分子表面张力比较小，加入泡茶和砂糖是为了使其黏性增大，泡泡表面物质的连接力大大增强，分子之间的张力也随之增大，所以吹出的泡泡大且不易破。

香蕉为什么会自己剥皮？

我们知道，在水果里，香蕉是比较容易剥皮的，如果我们这个游戏做得成功，就可以亲眼看到香蕉皮是怎样"自行"脱落的。

必备材料：

一根香蕉，一个酒瓶，一些度数比较高的白酒（如果有酒精更好）。

开始游戏：

(1)拿一根稍微熟过头的香蕉，把它的末端的皮剥开一点儿备用。

(2)找一个瓶口足以使香蕉肉进到里面去的酒瓶。

(3)在瓶内倒进少量白酒（或酒精），用一根点着的火柴或燃着的纸片把瓶内的酒点燃（注意安全）。

(4)然后立即把香蕉的末端放在瓶口上，使瓶口完全被香蕉肉堵住，让香蕉皮搭在瓶口外面。这时，你会惊奇地看到一个有趣的现象：瓶子像是具有了魔力，拼命地把香蕉往里吞，还发出"吵嚷"声。最后，香蕉肉被瓶子吸进去了，而香蕉皮却"自行"脱落，留在了瓶口。

游戏揭秘：

香蕉为什么会自己剥皮？原来,这是因为燃烧的白酒耗尽了空气中的氧,瓶子里的压力比外面的压力小了,所以外面的空气推着香蕉进入了瓶中。如果放上香蕉以后瓶口没有被完全堵死,这个游戏就不容易做成了。另外,如果是因为香蕉不太熟,游戏没有成功,你可以预先在香蕉皮上竖着划两三个切口,再做时就会容易一些。

怎么才能将硬币取出来？

把少许水倒入盘中,放入一枚硬币。怎么才能把硬币取出来,而手既不许接触水,又不能把水倒出来,怎么办呢？

必备材料：

盘子,玻璃杯,硬币,纸片,火柴。

开始游戏：

(1)把一张纸片点燃,放入玻璃杯中。

(2)把少许水倒入盘中,放入一枚硬币。

(3)把杯子倒放在盘子里硬币旁边。

(4)水开始进入玻璃杯中并逐渐上升,最后全部进入杯中,这样便可成功取出硬币。

游戏揭秘：

纸片燃烧时,部分被加热而膨胀的空气从杯中跑出。杯子倒放后,因缺氧使火焰熄灭,杯中的气体冷却,因而压力下降;为保持气压平衡,外面具有正常大气压的空气要进来,于是把盘子中的水挤进杯中。

能提起杯子的气球

让一只玻璃杯牢牢地吸附在气球上,像一只玻璃耳朵,你能做到吗?

必备材料:

气球,玻璃杯,开水。

开始游戏:

(1)先将气球吹胀,让气球表面沾些水。

(2)再在玻璃杯里倒满开水,过半分钟左右就将开水倒掉,接着把玻璃杯倒扣在气球上。

(3)等一会儿,摸摸杯子已经变得很凉了,拿起气球再翻个身,只见玻璃杯挂在气球上,不会掉下来(这个游戏也许要试几次才能成功,所以下方应该铺上软的东西,以防玻璃杯打碎)。

游戏揭秘:

玻璃杯为什么会粘牢在气球上呢?因为被开水烫热的杯中充满了热空气,扣在气球上以后,杯口被密封,等里面的空气冷却了,体积缩小,这时杯内的空气密度小于杯外,在杯外的大气压力的作用下,杯子被吸附在气球上。若用手指按压一下杯子边上的球膜,使外面的空气进入杯内,杯子马上就会脱离气球。

空气还可以反弹?

空气能把东西吹走,也能喷雾,还可以朝反方向前进,此外还有什么把戏呢? 当然有,例如"反弹实验"就是它的拿手好戏。

必备材料：

空奶瓶，软木塞。

开始游戏：

(1)先选用一个广口的空奶瓶，把软木塞放在瓶口的边缘。

(2)用力吹，"砰"的一声。怎么样？木塞不但未停在瓶底，而且反弹回来击中你的鼻子！多试几次，看看每次的结果是不是相同？木塞永远不会停在瓶底，它只会跑出来，击向你的鼻子。

游戏揭秘：

出现这个现象的关键就在于你吹进去的空气。这些空气把木塞吹到瓶底，再反弹出来。若想使木塞留在瓶内不弹出来，有两个方法：第一个方法，不用吹而是用吸的方法。还是用刚才的姿势，猛力一吸，这时木塞就会掉进瓶底，因为吸时，所用的力量会在瓶边造成一股压力，把木塞推向瓶底。第二个方法，我们仍用吹的方法，但是，只能吹软木塞，所以就得借助吸管，用吸管把空气吹向木塞，木塞就会顺利落入瓶底。

烟真的可以熄灭火焰吗？

用烟就能将燃烧的蜡烛熄灭，神奇吗？来看看下面的游戏吧！

必备材料：

蜡烛，盘子，杯子，水，干冰，手套。

开始游戏：

(1)点燃一支蜡烛，置于盘子中。拿出一个杯子，往杯子中加入少量的水。

(2)戴上手套，向杯子中丢入少量的干冰。你会发现杯子里冒出白烟。

(3)将杯子里产生的白烟倒在火焰上,火就熄灭了。

游戏揭秘:

干冰释放的二氧化碳气体密度大于空气,所以,当杯子倾斜的时候,二氧化碳就会流出,火焰立刻被二氧化碳包围,氧气无法接近,火焰由于氧气不足就会很快熄灭。

空中飞舞的乒乓球

乒乓球在空中飞舞,却不会掉落下来。现在就让我们动手做这个有趣的游戏吧。

必备材料:

吹风机,乒乓球。

开始游戏:

(1)打开吹风机,使吹风机的出风口朝上。

(2)把乒乓球轻轻放在出风口上方的热气流上,你会发现乒乓球在吹风机的上方不停地"跳舞"。

游戏揭秘:

吹风机吹出的热气流可以托住乒乓球,由于热气流内部的压力要小于外部压力,所以每当乒乓球想脱离这段热气流时,气流周围的气压就会把它"压"回来。

动手吧,自制一把降落伞

我们在电视里常常看见跳伞运动员在空中打开一朵朵伞花,现在我们可以自制一个降落伞。

必备材料：

手帕,结实的细线,剪刀,橡皮泥,胶带。

开始游戏：

(1)剪 4 根一样长的线,用剪刀在手帕的 4 个角上各剪一个小孔,将线穿过。

(2)将 4 根线的另外一头用橡皮泥固定在一起。收起手帕,拿着橡皮泥,把做好的降落伞从高处抛下,你会发现手帕逐渐展开,降落伞缓缓地落了下来。

游戏揭秘：

物体的降落除了和自身重力有关以外,还要受到空气的阻力影响。在降落伞降落的过程中,伞会张开,此时,由于受到空气阻力的面积很大,它会慢慢地降落在地面上。

空瓶也能"吞"鸡蛋?

鸡蛋会被狭窄的瓶子"吞"进去,是不是像在表演魔术? 你也能做到的。

必备材料：

一个煮熟的带壳鸡蛋,一个小纸团,打火机,玻璃瓶。

开始游戏：

(1)剥去蛋壳。

(2)把一张揉成团的纸迅速点燃,并放进玻璃瓶里。

(3)迅速地把鸡蛋放回到瓶口,慢慢地你会看到鸡蛋落入瓶子里(做这个游戏时,必须保证瓶口完整无缺、无破损)。

游戏揭秘：

火燃起时，瓶里的空气会膨胀；火熄灭以后，空气变冷并收缩。这时瓶里的气压变低。鸡蛋封住了瓶口，使外部的空气压力比瓶里的空气压力要高，于是鸡蛋就被"吞"进瓶子里。

会拐弯的风

风是会拐弯的，能绕着弯把蜡烛吹灭。是不是非常有趣？下面我们就来做这个游戏。

必备材料：

一根蜡烛，一个葡萄酒酒瓶，一张小纸板，打火机。

开始游戏：

(1)点燃蜡烛，在它前面竖放一张纸板，对着纸板使劲吹气，蜡烛的火焰纹丝不动。

(2)拿掉纸板，在蜡烛前面放一个葡萄酒酒瓶，对着瓶子使劲吹一口气，蜡烛的火焰立即熄灭了。

游戏揭秘：

当气流到达酒瓶时，会分流并贴着圆柱形瓶体流过，接着在瓶后以丝毫不减弱的力量重新聚集，冲击火焰。如果在蜡烛前面摆放两只酒瓶，当然就得用更大的力气，才能把蜡烛吹灭。

吉卜赛纸蛇

我们在电视上看到，很多流浪的吉卜赛人都非常善于驯服蛇。他们的蛇常常会跟着主人的音乐表演,扭来扭去,好像跳舞一样。你想不想也体验一下这种乐趣呢?我们可以用纸来做一条蛇,让它也像吉普赛人的蛇一样跳舞。

必备材料:

尺子(30厘米长),蜡烛,纸,线,透明胶带。

开始游戏:

(1)用柔软的纸做成直径6厘米左右的螺旋形带子,在中间部分画上蛇头。

(2)把线截成15厘米左右的长度,用胶带把线粘在"蛇"的头部。

(3)用手抓住线的一端,并把纸蛇放到离蜡烛20厘米高的地方,会发生什么变化?此时,你会发现,纸蛇边转圈,边跳舞。

游戏揭秘:

点燃的蜡烛在加热它上面的空气时,空气会变热,拉大空气分子之间的距离。被加热的空气变轻后上升,而周围的冷空气就涌到其位置。热空气在上升中牵动纸蛇,从而使纸蛇跳起舞(热空气上升,冷空气下降,这种空气的反复循环,就是引起刮风的原因)。

纹丝不动的名片

一张轻又薄的纸片,你怎么吹也吹不翻,这是为什么呢?

必备材料:

一张名片。

开始游戏:

(1)把名片平放在桌子上,用力吹,你会发现名片很容易被吹翻过来。

(2)把名片折成订书针的样子,放在桌子上,近距离用力吹,名片如同和桌子粘住了一样无法翻动。

游戏揭秘：

根据伯努利定理，气流速度越快，气压就越低，人用力吹气的时候，名片下面气流速度特别快，气压降低。于是名片外围的大气压就会紧紧地压住它，因此就无法吹翻了。

水也可以往高处走？

大家都听说过一句谚语："人往高处走，水往低处流。"可是，水真的都是往低处流吗？一起来做个游戏，也许会有不一样的答案哦。

必备材料：

一个水盆，红墨水，面巾纸，纱布，海绵，木条，适量的水。

游戏开始：

(1)盛半盆清水。

(2)滴入红墨水，清水呈现浅红色。

(3)将面巾纸、纱布、海绵、木条的一端放入水中，轻轻向上提，你发现了什么？

(4)红墨水沿着面巾纸、纱布、海绵、木条向上浸透，在面巾纸中上升的速度最快。

游戏揭秘：

仔细看这张纸上有很多小孔隙，当它们的一部分浸到水中，水就会沿着小孔隙上升。

毛细现象就是水沿着有微细孔隙的物体向上爬升的现象，而水爬升的高低与孔隙的大小有关，孔隙越小，水爬升得就越高。在日常生活中，毛巾吸水就是一种毛细现象。

第二章

炫酷的光与影

为什么星星会眨眼?

为什么天上的星星会眨眼呢? 做完下面的游戏你就知道了。

必备材料:

手电筒,黑纸,铅笔,玻璃,剪刀。

开始游戏:

(1)用黑纸包裹住手电筒的镜面,用剪刀在手电镜面前的黑纸中央剪一个小孔,将手电固定在桌子上。

(2)关闭房间光源,打开手电,在墙上被手电光照射到的地方用铅笔做个记号。在手电前面直立一块玻璃,使得玻璃平行于墙壁,手电位置不变,再记下墙上光斑的位置。

(3)我们会发现光通过玻璃后拐弯了,它们在墙壁上的光斑并不是同一点。如果我们将几块玻璃叠合在一起,就会看到光通过的玻璃越多,偏移角度越大。

游戏揭秘:

光通过两种不同的介质时,会发生折射。天上的星星除少数几颗外都是发光发热的恒星。它们发出的光穿过地球的大气层,而各层大气的温度、密度也各不相同,所以星光穿过后就会一次次地折射,方向会不断地变化,所以肉眼望去,天上的星星一会儿明亮,一会儿昏暗,就好像眨眼睛一样。

在家也能看"海市蜃楼"

海市蜃楼是一种罕见的光学现象,岛屿、山峦和城市出现在空中,街道上的行人依稀可见,宛如仙境。但是一般人很少有这种眼福,甚至一辈子也难看见一次。你一定为此感到遗憾吧！不用懊恼,给你介绍一个小游戏,让你在家也可以看到"蜃楼"现象。

必备材料:

鱼缸,浓盐水,清水,一个小玩具。

开始游戏:

(1)把一个长方形的鱼缸放在桌面上。

(2)下面放入浓盐水,上面慢慢注入清水,动作要缓慢,这样,清水会漂在盐水上。

(3)把一个小玩具放在鱼缸的一面,照亮它,从鱼缸的对面看,除了在鱼缸的下面能看到玩具外,在顶部也可以看到一个。它的原理和"海市蜃楼"一样。

游戏揭秘:

无论是海市蜃楼还是沙漠中的蜃景,都是光线耍的"把戏"。当光线从一层热空气层,射到另一层冷空气的分界面上时,会发生折射;反过来也是这样。热空气像一面镜子,能使光线拐弯,"蜃景"就是这样形成的。光线在浓盐水和清水的分界面上也会折射,所以能模拟"海市蜃楼"现象。

纸上彩虹

我们知道,夏天雨后,天空有时会出现彩虹。七色彩虹确实十分美丽,但是却不容易看到。我们现在教你做一道纸上彩虹,饱饱眼福吧！

必备材料:

一面镜子,一张白纸,一个装水的盆。

开始游戏：

(1)选择一个阳光明媚的天气,把装水的盆子放在屋子外面。

(2)把镜子的一半斜放在装水的盆内。

(3)把白纸放在镜子的对面,调整好角度,让光线能反射到白纸上。一会儿,你就可以看到白纸上出现了一道美丽的"彩虹"。

游戏揭秘：

太阳光中不同波长的光在被反射和折射后,因折射率不同,会发生色散现象,分解成光谱上的七种颜色,从而在纸上形成一道美丽的彩虹。

硬币躲在哪里了?

必备材料：

一只装满水的玻璃杯,一枚硬币。

开始游戏：

(1)用一只玻璃杯装满水,让它满到杯口。

(2)然后把杯子放在一枚硬币上,在杯子上盖一只碟子。现在你能看到这枚硬币吗?

奇怪! 硬币好像在和你捉迷藏,尽管你瞪大眼睛去瞧,也看不见硬币。我们知道,要想看到物体,必须有光线从物体上反射到我们的眼睛里,否则就看不见。这个游戏奇怪的是虽然有光线从水中穿过,但我们无论从哪里都看不见杯子底下的这枚硬币。

游戏揭秘：

硬币到底去了哪里? 为什么我们看不见它了? 实际上是可以看到硬币的。看不见是因为硬币被碟子挡住了。光线从一个透明物体进入另一个透明物体时会发生折射,这就使硬币所成的图像的位置往上移了(我们平时看到游泳池的底部比实际情况要浅,也是这个原因)。水杯上放上碟子,硬币的图像反射到碟子上了,使我们无法看到杯子底下的硬币。拿掉碟子,硬币就进入视野了。做这个游戏时,玻璃杯的杯底不能太厚,否则就容易看见杯底下的硬币,影响游戏的效果。

可以预报时间的太阳钟

你知道古人是怎样计时的吗? 他们曾一度利用太阳来测定时间。现在就教你做一个太阳钟来计时。快来学吧,在天气晴朗的日子,没有手表的你也能知道时间哦!

必备材料:

一根小木棍,一支铅笔,一个圆规,一块硬纸板。

开始游戏:

(1)用圆规在硬纸板上画一个直径为 20 厘米的圆,把小木棍插在圆心上。

(2)在阳光充足的日子,把做好的东西放在房子外面,固定好。

(3)每到整点的时候,就沿小木棍在硬纸板上的投影画线,并标明时刻。

(4)不要移动你的太阳钟,在晴天的时候,你就可以根据木棍的投影来计时了。

游戏揭秘:

由于地球的自转,使太阳光照在地球上的角度不断发生着改变,从而使小木棍投影的位置在不同的时刻发生不同的变化。因为这种变化是有规律的,所以根据小木棍投影的位置就可以推测出对应的时间了。

是魔术还是幻觉？

这个游戏很神奇——杯子里的颜色一会儿看是红的，一会儿看是绿的，变换自如。如果你把这个游戏做成功了，别人可能会说你是在变魔术，甚至有人会说你在施展法术。

其实，这个游戏很简单。

必备材料：

一点红药水或红墨水，再找一个无色、无花纹图案的玻璃杯。

开始游戏：

（1）在杯中滴一点红药水或红墨水，然后举起杯子朝向灯光，透过杯子看去，水的确是粉红色的。

（2）当你把杯子移开灯光，再看一看，咦，水的颜色变成了绿色。

游戏揭秘：

这是怎么回事呢？真是在玩魔术，还是一种幻觉？原来，第一次我们看到的是透射光，也就是粉红色的；而第二次我们看到的绿色，是光线从杯中反射出来的光。并没有谁在玩魔术，也没有谁在施展法术。如果说要有的话，那就是光本身。做这个游戏时，有红药水最好用红药水，效果较好，容易成功。

眼睛真的布满了灰尘？

人的眼睛里其实布满了灰尘，通过下面的游戏你就会确信无疑了。

必备材料：

一张硬纸板,一根针,一个毛玻璃灯泡。

开始游戏:

(1)在一张硬纸板上用针扎一个孔,通过针孔观察发光的毛玻璃灯泡。

(2)在视线中你可以看到奇怪的景象,那就是很多微小的絮状物体在你面前浮动。

游戏揭秘:

这不是错觉,这些絮状的物体是你眼中的尘埃在虹膜上的影子,它们重于眼中的液体,所以在眨眼的时候,总是向下浮动,如果你把头歪向一侧,眼中灰尘就会滑向眼角,这说明它们是遵守重力法则的。

光线真的可以拐弯?

光线应该是沿着直线传播的,可是在下面的游戏中,我们却发现它拐弯了。

必备材料:

大矿泉水瓶,手电。

开始游戏:

(1)在大矿泉水瓶距离底部约五厘米的地方开一个小洞,用手指压住后装满水,再盖上瓶盖,小洞是不会漏出水来的。

(2)关闭房间的光源,同时用手遮住电筒的部分光线,让光束变得细长。

(3)使细长的光线与瓶体垂直,然后打开瓶盖,水会从小洞里流出,这个时候你会惊奇地发现,光也会随水一起流出,水流也会变成光线流,落地处也变得十分明亮。

游戏揭秘：

当手电筒的光以垂直于瓶壁的角度通过瓶中的水的时候，不能发生光的折射，从而全部被反射回水中，形成了全反射现象。光线在水中不断进行着全反射，最后就完全和水流的方向一致了。

影子也是有颜色的

提起影子，我们想到的颜色肯定是黑色。在一般情况下，物体的影子显示出黑色或深灰色，但这种现象也不是绝对的：只有在一种光（不是白光就是单色光）的照射下，物体的影子才显示黑色。然而，如果单色光照射下的物体影子又受到白光照射，这影子就会显现出各种有色的影子，例如红色、绿色、蓝色、黄色。我们不妨做个有颜色影子的小游戏。

必备材料：

一盏40瓦的白炽灯，桌子，一张白纸，一只8瓦日光台灯，铅笔，一张红色玻璃纸。

开始游戏：

(1)在晚上，房间内点一盏40瓦的白炽灯。

(2)在灯下的桌子上铺一张白纸，在白纸上放一只8瓦日光台灯，使台灯离白纸约20厘米至25厘米，白炽灯离白纸约1.5米。

(3)将一支铅笔放在日光灯前离白纸3厘米至5厘米处，铅笔与日光灯管平行。

(4)在两种白光照射下，我们看到铅笔的影子是黑色的。

(5)关闭日光灯，取一张红色玻璃纸将灯管全部包起来，然后再接通电源，并关闭白炽灯，在红光的照射下，此时铅笔在白纸上显示出黑影子。

(6)再打开白炽灯的电源开关,当白光照射到铅笔的影子时,你将会发现原来黑色的铅笔影子竟变成了绿色。

游戏揭秘:

铅笔影子的颜色除了变成绿色,还会变成红、蓝、黄等色,只要用绿色、黄色、蓝色玻璃纸分别包住日光灯管就能看到。这是由于红色光和绿色光、蓝色光和黄色光是互补色。所谓互补色就是两种色光叠加起来为白色光,所以我们能观察到不同颜色的影子。

为什么我们平时看到的黑色影子会变成彩色呢? 在红光照射下,人眼睛中的锥体细胞对红色光会感到疲劳,显著降低分辨红色光的能力,于是红色信号传到大脑没有反应;而此时眼睛里的锥体细胞对绿色光显得特别敏感,因此当我们注视在红光照射下的铅笔影子时,由于打开白炽灯,在白光的大环境下,头脑中会感觉这铅笔的影子是绿色的,这是一种仅存于大脑中的颜色意识,并且这种颜色一定为红色光的互补色——绿色光。同样,蓝色光的互补色是黄色光。为了保证效果好,红色玻璃纸要深一些,如果太淡,可用几张红色玻璃纸叠加起来。

水为何会不停变色?

必备材料:

一个装满清水的水桶,两汤勺牛奶,细线,一面小镜子。

开始游戏:

(1)找一个水桶,里面盛满清水,加入两汤勺牛奶或米汤,搅拌成乳状的液体。

(2)用细线捆住一面小镜子,浸入水中。

(3)用装有新电池的手电筒照射镜子,这时镜子反射回来的光是带颜色的。

(4)不断改变镜子浸入水中的深度,反射光会不断改变颜色。当镜子由浅入深时,光的颜色会发生如下变化:白色——黄白色——橙色——红色——暗红色,看上去非常奇妙。

游戏揭秘:

白光是由红、橙、黄、绿、青、蓝、紫七种波长不同的色光组成的。其中波长较短的紫、蓝等色光的穿透能力差,经过液层时,被水分子和悬浮的小颗粒散射了,无法通过液层。而黄、橙、红色光的波长较长,并且后者比前者更长,它们的穿透能力也一个比一个强,所以会出现水不停变色的情况。

镜子可以让电视机换频道?

通过镜子给电视机转换频道,听起来是不是很神奇?现在就来尝试一下吧。

必备材料:

电视机,遥控器,镜子。

开始游戏:

(1)手持遥控器背对电视机,让其他人拿一面镜子,调整镜子,使得你刚好能从镜子里看到电视机。

(2)用遥控器对准镜子中的电视机,按动遥控器,你会发现电视换台了。

游戏揭秘:

遥控器发出的红外线信号经镜子反射被电视机捕捉到,于是电视机受到信号控制,就转换频道了。

白纸可以像照相机一样留影?

一张普通的透明纸上竟然可以呈现颠倒的影像,为什么它也能像照相机一样留影呢? 快快来做这个游戏,体验一下这种奇妙的感觉吧!

必备材料:

一张透明纸,一卷双面胶,一个硬纸盒,一把剪刀。

开始游戏:

(1)用剪刀把硬纸盒的一面剪下来。

(2)在硬纸盒剪下来的一面用双面胶把透明纸贴在上面,透明纸要贴得平整。

(3)用剪刀在透明纸对面的硬纸盒面上戳一个小孔,把小孔对准窗外,调整好距离,透明纸上映现出了窗外景物上下颠倒的影像。

游戏揭秘:

窗外景物上部反射的光线沿直线传播透过小孔,照在透明纸的下部;景物下部反射的光线沿直线传播透过小孔,照在透明纸的上部,这样透明纸上就映出了窗外景物上下颠倒的影像。这叫作小孔成像现象。

你也可以有"神仙"的小光环

我们看神话题材电视剧,神仙们出现时,头上往往笼罩着一圈光环。其实你也可以成为"神仙"的。

必备材料:

大衣柜镜子,尼龙纱巾,手电筒。

开始游戏：

（1）站在距离大衣柜镜子一米左右远的地方，用尼龙纱巾把自己的头蒙上，将手电筒举到和头一样高的位置，向镜子照射。

（2）当你正对着从镜子中反射回来的光束看的时候（不要偏离，否则影响效果），就会惊奇地发现，你的头像四周也有几个十分美丽的光环，极像电视剧里的神仙。

游戏揭秘：

你为什么也能变成"神仙"呢？这是因为光不但具有反射的特点，而且遇到微小的障碍物（实验中尼龙纱巾的丝）以后，会发生绕射。不同颜色的光，波长不同，在发生绕射时，弯曲程度也不同，所以会形成彩色的光环，好看极了。

从羽毛里看世界

从羽毛的缝隙里看蜡烛和我们平时观察到的有很大的不同。

必备材料：

暗室，大羽毛，蜡烛。

开始游戏：

（1）把房间里的光源全部关闭。

（2）点燃蜡烛，在距蜡烛一米远的地方，将羽毛紧贴着眼睛观察蜡烛。这个时候你会发现，在你眼前出现的是排列成 X 形状的多个火苗，而且闪烁着光谱的颜色。

游戏揭秘：

这个现象就是所谓的"衍射"。当人通过羽毛观察蜡烛的时候，均匀排列的羽毛组成的缝隙之间，存在着锐利的边缘间隙，光线通过这里时被

"折断"，即被引开，并把光谱中的颜色分解出来，由于羽毛有多条缝隙，所以在人的眼前出现多个火苗。

手指为什么变多了?

平常的人，一只手有 5 个手指，但这个实验可以突然使你的手指多起来，你相信吗？

必备材料：

电视机。

开始游戏：

(1)在晚上打开电视机。

(2)然后把屋子里的灯都关掉，只剩下电视机发光。

(3)张开手的 5 指在电视机的屏幕前快速地晃动，这时你会发现手上的手指变多了，可能是 6 个，也可能是 7 至 8 个，手掌晃得越快，手指的数目越多。

这个游戏也可以在屋里只有日光灯照明的情况下做。以白墙为背景，晃动你的手指，可以有同样的效果。在大街上对着只有日光灯照明的橱窗做这个游戏效果会更好。

另外，也可快速晃动一根细木棍。你可以看到木棍像打开的一把扇子，手握处是扇子轴所在地方。如果在阳光或明亮的白炽灯下做这个游戏，就看不到如此的效果。这是为什么呢？

游戏揭秘：

这个游戏向我们揭示了一个秘密：电视屏幕和日光灯发出的光是闪烁的，电视屏幕在一秒中要闪烁 50 次，也就是亮灭 50 次；日光灯则在 1 秒中亮灭 100 次。平时我们在日光灯下看书或其他静止的物体时，没有闪烁的感觉是因为人的眼睛有视觉暂留,我们看到的东西可以在眼睛的视网膜上保留 0.1 秒左右。在日光灯灭了的一瞬间,我们的视网膜上还保留着前面亮时的痕迹,灯亮后看的东西还在同一个地方,所以我们不会感到灯光的闪烁。

没有尽头的镜子走廊

必备材料:

一大一小两面镜子。

开始游戏:

拿一面小镜子放在两眼中间,让双眼都能看到你前面的一面较大的镜子。两面镜子处于平行的位置,你就可以看到一条无尽头的镜中镜,就像是一条镜子走廊向看不尽的方向延伸。

游戏揭秘:

为什么会出现这样幽深的"镜子走廊"呢?这是由于镜子的玻璃表面并不是完全无色,而是稍有一些绿色的,所以每次反射都会有部分光线被吞噬。越深远的图像也就越是阴暗和模糊不清的。

没有跑偏的魔镜

你一定看过《白雪公主和七个小矮人》这个童话故事吧?故事中有一面魔镜,有了它可以知道谁是世界上最美丽的女人。下面这个游戏里的镜子也是一面魔镜哦,因为平时我们看到镜子中的影像与实际的物体是左右相反的,但是这面镜子能照出与物体方向一致的影像。你想拥有这样的一面魔镜吗?

必备材料:

一个闹钟,两面镜子。

开始游戏:

(1)将闹钟放在桌面上,用一面镜子去照闹钟,结果镜子里出现了一个相反的闹钟。

(2)取另一面镜子放在桌面上,使其与第一面镜子呈直角,你会看见镜子里面的闹钟是正面的。

游戏揭秘:

我们之所以能看清东西,是因为物体表面反射的光线被我们的视觉神经接收了。我们在镜子中看到影像也是这个道理。如果把两面镜子以呈直角的方式立在桌面上,这样,光线就成直角反射,两次反射后便得到正面的影像。

七色盘为何变成白色的?

涂有七种彩色的圆形纸片,把它旋转起来的时候,竟然不可思议地变成白色了。这是怎么回事呀?

必备材料:

一个圆规,一把剪刀,一支铅笔,一盒彩笔,一块厚纸板。

开始游戏:

(1)用圆规在厚纸板上画一个圆,然后把它剪下来。

(2)借助量角器把圆平均分成七等份,然后涂上红、橙、黄、绿、青、蓝、紫七种颜色。

(3)用剪刀在圆心处扎一个洞,然后将铅笔笔尖向下穿过圆心处的洞,转动铅笔,真奇怪呀,七彩圆圈竟变成白色的了。

游戏揭秘:

当快速转动铅笔时,你眼睛看到的不是单独的颜色,而是混合后的颜色。七种颜色的色光混合在一起恰好就是白光。

黑脸和白脸

正常情况下,一个人的左右两边的脸色看上去是一样的,但是有时候人的脸色会莫名其妙地发生变化,一边是黑色,一边是白色。这是什么缘故呢? 让我们来做个小小的实验吧!

必备材料:

一面镜子,一只手电筒,一张白色的纸,一张黑色的纸。

开始游戏:

(1)进入一间黑暗的屋子,打开手电筒,站到镜子面前。

(2)把手电筒放在脸的右边,让光照在你的鼻子上。

(3)先把黑纸放在脸的左边,对着手电筒的光。然后移去黑纸,放张白纸在脸的左边,也对着手电筒。你会发现,当把黑纸放在脸庞左边时,你脸的左边几乎一片漆黑;而把白纸放在脸的左边时,你的左半边脸却很白。

游戏揭秘:

白纸能反射光线。当手电筒光照过来时,它可以把光反射到你的脸上,所以,你的左半边脸是白色的。但黑纸不会反射光线,当手电筒光线射过来时,它会吸收大部分的光线,所以你的左半边脸看上去很黑。

跑进勺子里的像

一把普通的不锈钢勺子,还有其他的妙用呢! 不信,你把不锈钢勺子正对着自己的脸,你会发现自己居然变小了,跑到勺子里去了。

必备材料:

不锈钢勺子,毛巾。

开始游戏:

(1)用毛巾将勺子擦干净。

(2)将勺子正面对着自己的脸。

(3)你会发现,勺子表面映出了你的脸,而且是颠倒了的变小的像。

游戏揭秘:

勺子就是一个凹面镜。游戏中,照射到头部的光线落在了勺子的凹面上,光线反射回来后,上面的光线跑到了下面,下面的光线跑到了上面,因此,在勺子里就看到了倒立缩小的像。

墙上的"动画片"

你的双手能放"动画片",知道这是怎么回事吗? 就在一个手电筒的帮助下,墙上真的出现了小鸟、小狗等动物的投影……

必备材料:

手电筒。

开始游戏:

(1)拉上房间的窗帘,使房间暗下来。

(2)将手电筒打开照在墙上。

(3)把手放在手电筒的光束前。

(4)用双手模仿各种鸟兽的形状。

游戏揭秘:

因为手电筒的光无法穿透双手,所以就形成了鸟兽形状的影子。这些影子投在墙上,墙上的"动画片"就出现了,而且手离光源越近,墙上的阴影面积就越大。皮影戏利用的就是类似的原理。

晒晒太阳就能转的风车

说到风车,大家都知道,用纸、麦秆、大头针就能做成一个小风车。这样的小风车只需要用嘴吹一口气,就能轻松地转起来。不过,你见过晒晒太阳就能转的风车吗? 现在我们要做一个小游戏,就是利用太阳的能量,做一个先进的光能风车。

必备材料:

铝箔,一根针,一个空果酱瓶,软木塞,万能胶,铅笔,黑色胶化颜料。

开始游戏:

(1)首先用铝箔做好风叶。用铅笔尖在铝箔的中心戳出旋心,用平整的铝箔剪成直径为五厘米的圆盘,剪开六个缺口。

(2)风叶光滑的一面必须朝着同一方向,粗糙的一面涂上黑色胶化颜料。

(3)将风轮用一根针固定在空果酱瓶中。

(4)把针插在一小块软木塞上,把软木塞粘在铁瓶盖内部。

(5)把风轮放在针尖上,让它能够旋转自如;瓶口螺纹和瓶盖边缘均涂上万能胶,并在盖上扎一个小孔,然后把瓶盖拧死。

（6）现在，你把整个瓶子在炉灶上加热片刻，然后立即用胶纸封住小孔。

（7）冷却后，瓶中空气变得稀薄，空气阻力减小。把瓶子放置在炽热的阳光下，观察一下，看看会发生什么有趣的现象。

（8）把瓶子放置在炽热的阳光下后，瓶中的风轮就会不停地旋转起来。如果在瓶子背面贴上一块铝箔，将加快风轮旋转的速度。

游戏揭秘：

这个风车在太阳光线的照射下旋转，是因为它的浅色叶面反射阳光，而黑色叶面吸收光线。每个叶面所吸收的热度不同，故而旋转起来。

冰糖为何会发光？

这次，擀面杖擀的可不是面团，而是冰糖！你做过这样的游戏吗？要是没有，那就赶快来试试，会有新发现哦！

必备材料：

透明塑料袋，细绳，擀面杖，冰糖。

开始游戏：

（1）将冰糖放到塑料袋里，扎紧袋口。

（2）将冰糖袋放在桌子上。

（3）拉上房间的窗帘，使房间暗下来。

（4）用擀面杖来回挤压冰糖袋，你会发现，袋里的冰糖发光了。

游戏揭秘：

晶体发生摩擦时会产生亮光，这是因为冰糖晶体在擀面杖的挤压下破碎成片，碎片的表面会释放出活跃的分子，这些分子发出亮光，所以看起来冰糖就发光了。

消失的字迹为何又出现了？

明明在纸上写了字的，一会儿工夫，纸上却什么字迹也没有了。这些字迹跑到哪儿去了呢？别急，再把纸放到灯光下，咦，纸上的字迹出现了！

必备材料：

清洁剂，紫光灯，纸，桌子，棉签。

开始游戏：

(1)将纸铺在桌子上。

(2)用棉签蘸着清洁剂在纸上写一些字。

(3)待清洁剂干了以后，纸上什么都没有了。

(4)打开紫光灯，将写了字的纸放在灯光下。

(5)结果，纸上的字都发光了，你看见了字迹。

游戏揭秘：

字为什么会发光呢？原因就在清洁剂里。大部分清洁剂里含有荧光剂，在白光下是看不出来的，而紫光灯的紫光中含有一种肉眼看不到的紫外线，当它照射在荧光材料上时，荧光材料会反射出可见光。

你能调出蓝天的颜色吗？

自己也能调出蓝天的颜色，这是真的吗？当然可以！准备牛奶、手电筒这样一些平常的东西，我们就可以动手调制了。

必备材料：

玻璃杯，手电筒，水，牛奶，黑纸，滴管。

开始游戏：

（1）往玻璃杯里倒入大半杯水。

（2）用滴管在水杯里滴几滴牛奶，搅拌均匀。

（3）在黑纸中间挖一个小洞。

（4）用黑纸遮住手电筒的玻璃。

（5）打开手电筒，将手电筒紧贴着玻璃杯壁。

（6）从杯子的另一侧看过去，你会发现，乳白色的液体变成了一片浅蓝色。

游戏揭秘：

空气中有许多微粒散射着太阳光。在这个游戏中，牛奶溶液中的微粒散射着手电筒发出的光。频率越高的光线被散射得越厉害。蓝光的频率较高，因而被散射得较厉害，所以从侧面看过去，杯里的液体就呈现出浅蓝色。

不能放大的放大镜

在下面的游戏里，放大镜丧失了放大的功能，让我们一起来看看吧。

必备材料：

放大镜，水盆，鹅卵石。

开始游戏：

（1）将鹅卵石放在水盆里。再把放大镜放进水里，观察鹅卵石。

（2）你会发现放大镜在水里的放大效果明显减弱。

游戏揭秘：

放大镜的放大作用与玻璃的曲率以及光在空气与玻璃中传播的速度差有关，但是水和玻璃中的光速差没有空气和玻璃中的大，所以放大镜不能很好地放大图像。

谁留下的影子？

你认真观察过燃烧的蜡烛的火焰吗？火焰会在墙壁上留下影子吗？要是有，这影子里会有什么奥秘？

必备材料：

蜡烛、打火机。

开始游戏：

(1)将桌子靠墙放好。

(2)点燃蜡烛。

(3)调整蜡烛与墙壁之间的距离，使得蜡烛的影子投射在墙上。

(4)你会看到火焰上方热气的影子。

游戏揭秘：

蜡烛火焰上方的热气在空气中是看不见的。其实，这热气中含有水蒸气，水蒸气在上升过程中液化产生的小水滴会阻挡光向前传播，所以，我们就在墙上看到水蒸气的影子了。

老花镜可以用来生火？

爷爷戴的老花镜不但能让老年人看到远处的东西，还能在有太阳的时候用来生火呢！让我们一起见证奇迹吧。

必备材料：

老花镜一副，纸片一张，火柴棒若干根。

游戏开始：

（1）在地面上铺上一张纸，并且用老花镜对着太阳，改变纸和眼镜之间的距离，你会发现纸面上出现了一个小小的亮斑。

（2）调整老花镜，使纸上的亮斑达到最亮，并且保持几分钟，观察亮斑处纸的变化。

（3）将火柴放在纸张的亮斑上。

（4）在亮斑覆盖的区域，纸张开始慢慢变黑，并且燃烧起了黑烟；将火柴放在亮斑处不久，火柴也被点燃了。

游戏揭秘：

其实老花镜是一个凸透镜，而凸透镜的特性之一就是让光线集中于一点，形成一个最小最亮的光斑，物理学上，把这个亮斑叫作"焦点"。当焦点落在物体上的时候，就等于把阳光的光和热都集中到一点，因此满足了一些低条件燃烧的物体的条件，所以火柴和纸就燃烧起来了。

镜子可以"写"字?

必备材料:

若干张小块白色纸片,黑色记号笔一支,一面小镜子。

游戏开始:

(1)用记号笔在白色纸片上分别写"日"和"由"这两个字,一张纸片上写一个字,写得大一些,规整一些。

(2)将写"日"字的卡片,沿着"日"字的一个竖对折,将白纸部分藏在下方,露出"日"字。

(3)把镜子平放在桌子上,将"日"字卡片折叠的那一部分放在镜子上,将卡片与镜子垂直,观察镜子与卡片所形成的图像。

(4)将"由"字沿着中间一横的方向折叠,然后按照同样的方法放在镜子上,观察镜子与卡片所形成的图像。当"日"字放在镜子上,整体就成为一个"田"字;当"由"的一半在镜子上,就成了"申"字。

游戏揭秘:

因为镜子具有反射功能,所以当一些不完整的还是对称的字放在镜子上以后,就会成为一个完整的字了。

光阴如逝水

你是不是知道很多个用来形容时光的短语,比如:光阴荏苒、时光飞逝等?你想过怎样把时光的流逝表现出来吗?准备以下东西,让我们一起来体验时光是怎样从手中流走的。

必备材料：

一把锤子，一只手电筒，一团橡皮泥，几张报纸，一枚钉子，一个脸盆，一个矿泉水瓶。

开始游戏：

（1）用钉子在矿泉水瓶的瓶盖上钻一个大洞，在瓶底钻一个小洞。

（2）用橡皮泥把两个洞封住，然后向瓶中灌水至四分之三处，盖好瓶盖。

（3）用报纸把矿泉水瓶和手电筒卷好，然后进入一间黑屋子。

（4）打开手电筒，放在矿泉水瓶的底部，使光线可以透过瓶子。

（5）去掉橡皮泥，让水流进脸盆里，你会看到光线和水一起从瓶口流出来。

游戏揭秘：

光线沿直线传播，但也有例外。在这个小游戏里，我们把光和水混合在一起，光就会被水柱不定向地反射（即光在水柱中发生了全反射现象），因此，光线也不再沿直线传播了，而是跟着水柱做不定向的曲线运动。

第三章

玄妙的电与磁

"开舞会"的爆米花

我们经常吃的爆米花也可以用来做游戏。

必备材料：

爆米花,塑料板,纯毛线(毛皮)。

开始游戏：

把爆米花撒在塑料板上,然后用毛皮在塑料板上来回摩擦。如果家里没有毛皮,就用纯毛线摩擦好了。把塑料板来回转动。啊！塑料板上的爆米花纷纷竖立,翩翩起舞。

游戏揭秘：

这一现象是静电感应的结果。塑料板被毛皮或纯毛线摩擦后,带上了负电荷,这些负电荷又通过静电感应使爆米花带上正电荷,因距离很近,正负电荷互相吸引,爆米花就会被吸附到塑料板上,当两者接触后,正负电荷中和,爆米花失去电性就会掉下来,从而看上去像爆米花在跳舞。

让你汗毛直竖的电视机

这台电视机太恐怖了,当你靠近它后,你的汗毛都竖起来了,这是真的！如果你够勇敢,就来试试看吧。

必备材料：

一台电视机。

开始游戏：

(1)打开电视机。

（2）卷起袖子，把前臂靠近电视机屏幕，并慢慢移动胳膊，你会发现你的汗毛都竖起来了。

（3）慢慢移动胳膊，你会更明显地感到汗毛竖立的感觉。

游戏揭秘：

打开的电视机屏幕周围存在着一个看不见的电场，当你的胳膊进入这个电场时，汗毛上的电荷分布发生了变化，汗毛顶端会感应出部分电荷。汗毛带电后，因同性电荷相斥，因此纷纷竖立起来。

吸住碎纸屑的梳子

如果你不小心将一些碎纸片掉到地上，除了用吸尘器外，你还能用什么方法将它们全部收集起来？有没有想过用一把普普通通的梳子？试试吧！

必备材料：

一把剪刀，一条毛巾，一张纸，一把塑料梳子。

开始游戏：

（1）用剪刀把纸剪成碎片，放在桌子上。

（2）拿着梳子在毛巾上反复摩擦几分钟，然后将梳子放到碎纸片上方，但不要接触纸片。

（3）你会看到，纸片纷纷被吸到了梳子上。但是过一会儿，纸片又纷纷从梳子上落下来。

游戏揭秘：

塑料梳子在毛巾上摩擦几下，就会产生静电。梳子吸住纸片后，梳子上的一部分静电就会转移到纸片上，这样纸片就带上了与梳子同样的电荷。由于同种电荷互相排斥，所以，纸片最终又从梳子上掉了下来。

醋可以做电池？

醋除了食用以外，还能制作电池发电，你知道这是怎么办到的吗？

必备材料：

小灯泡，两根电线，玻璃盆，醋，回形针，铜片，锌片。

开始游戏：

（1）将灯泡插在灯座上，两端各接一根导线。向玻璃盆里倒入醋作为电池的电解质。

（2）将两根电线的两端用回形针分别固定在铜片或者锌片上，放进醋里，灯泡就变亮了。

（3）取出金属以后，再将电线两端放入醋中，灯泡就无法变亮了。

游戏揭秘：

玻璃盆里面装上醋是模拟我们平时用的干电池。干电池的锌片里包含有电解质和带微孔的碳棒，化学反应之后就产生了电流。玻璃盆里的锌片和铜片就起到传导和化学反应的作用，去掉金属片，电解质就没有作用了，灯泡也就无法发亮了。

与静电的零距离接触

静电的威力是众所周知的，但是经常会被人们忽视，造成极大的灾难。因此，充分认识静电的作用和危害很有必要。

摩擦产生静电的现象在我们的日常生活中经常能够看到，这里向大家介绍个小游戏，这个游戏可以几十个人同时参与，效果非常理想。

必备材料：

三只一次性杯子,双面胶,铝箔,一块旧的丝绸,一根直径约 4 厘米的有机玻璃棒。

开始游戏：

(1)取三只一次性杯子,在第一只杯子的外壁和第二只杯子内壁用双面胶贴满铝箔,尽可能贴平整。

(2)在内壁粘贴铝箔的杯子口上引出一条铝箔剪成的电极,剪下第三只杯口加以固定。

(3)然后将内壁贴铝箔的杯子套入外壁贴铝箔的杯子中,略加紧贴,即制成静电杯。

(4)用一块旧的丝绸或羊毛围巾包裹一根有机玻璃棒,反复摩擦,并一次次地对静电杯进行充电。

(5)待充电多次后,一只手握住静电杯,另一只手触摸静电杯引出电极,你就会感到强烈的麻电刺激,这时你会对静电产生难以忘怀的感觉。

做这个游戏时,还可以几个人手拉手围成一个圈,其中一位参与者右手握住静电杯,左手拉着相邻伙伴的右手,这样连成一圈。对静电杯充电完毕后,请最后一位参加者用左手触摸一下静电杯的引出电极,这时所有的参加者都会感受到强大静电的冲击力,但请放心,绝没有生命危险。

游戏揭秘：

这里的静电是丝绸或羊毛围巾和有机玻璃棒摩擦产生的。将摩擦产生的静电充储在简易电容器静电杯中,然后让游戏者对已充电的电容器形成回路,这样能使所有游戏参加者都体验到静电的存在与刺激。

厨房里的"闪电"

在厨房里也能看到"闪电"吗？你可以试一试。

必备材料：

隔热手套，气球，钉子（长约 5 厘米）。

开始游戏：

（1）戴上厨房用的隔热手套，吹起气球，一只手拿气球，另一只手拿钉子。

（2）用气球跟你的衣服或头发摩擦半分钟，慢慢地将钉子接近气球。

（3）当钉子的尖头接近气球时，你会听到轻微的"噼啪"声，运气好的话，还能看到细微的闪光。

如果有兴趣，你还可以到一个较暗的房间里重复做一遍上面的游戏。

游戏揭秘：

在摩擦气球时，气球获得电荷。当钉子的尖头接近气球时，气球所带的电荷向钉子的方向集中。而当电荷聚集的数量多到一定程度时，气球就会向钉子尖头一端释放电荷。释放的过程也是加热空气的过程，会产生"噼啪"声。假如室内相当干燥，而释放的电荷又足够强烈，你可能还会看到火光呢。

守门神

你有没有想过成为一个足球门将？也许你还需要经过多年的苦练才能像著名门将卡恩一样，但是你可以先树立一个榜样，做一个能够百发百中地把球接住然后再踢出去的守门神。

必备材料：

一张铝箔，一卷胶带，一块羊毛布，一个铁盒，一张旧光盘，一根细线，一只干燥的玻璃杯。

开始游戏：

(1)用铝箔做一个踢足球的小人和一个小足球。

(2)将小人固定在旧光盘的边缘，接着用羊毛布摩擦旧光盘，然后把旧光盘放在倒置着的玻璃杯上。

(3)把铁盒与玻璃杯放在桌上，中间留一点距离。用细线扣住小足球，吊在铁盒与玻璃杯中间。这时，小足球会被小人踢向铁盒，并反弹回来。

游戏揭秘：

旧光盘经摩擦后带电，并把电荷输送给小人，小人带了电就把小球给吸了过来。

等小人上的电荷转移到小球上后，由于同种电荷互相排斥，小人会把小球踢向铁盒，此时小球的电荷又给了铁盒，小球又被小人吸引过去，如此反复直到小人上的电荷被消耗完为止。

袜子为什么会被撑起？

一条肉眼看不到的腿能撑起一只丝袜。恐怖吗？赶紧来看看吧！这个带有"恐怖"性的实验最好在寒冷而干燥的日子里做。

必备材料：

一只女性穿着的丝袜(闪亮而弹力小的那种)，此外还需一片纯毛织物(毛衫、毛袜或是毛围巾都可以，但必须确保是纯毛的)。

开始游戏：

(1)用左手将袜子从脚趾一侧提起。

(2)然后用右手把毛织物轻轻地缠在袜子靠近左手的部分上。

(3)接下来，让袜子穿过毛织物，重复数次。

(4)现在用右手提起袜口处，袜子就会被一只无形的"腿"撑起来了。

游戏揭秘：

毛织物的摩擦可以使尼龙产生静电。因为整条丝袜带有同性电荷，而且同性电荷相互排斥，所以袜子就被撑起来了。

日光灯为什么会发光？

在日常生活中，日光灯随处可见，可是你知道日光灯发光的原理吗？

必备材料：

一只气球，一根日光灯管，一块抹布。

开始游戏：

(1)将气球吹鼓以后，扎紧。用抹布将日光灯管擦净擦干。

(2)在一个光线暗的房间里，将日光灯的一端立在地板上。

(3)用一只手扶住灯管，另一手拿着气球在灯管上快速地上下摩擦，将气球靠近灯管，观察灯管的情况。

(4)灯管开始发光，而且不管气球靠近灯管的哪个位置，灯管的那个位置都会开始发光。

游戏揭秘：

将气球在灯管上摩擦，会使气球表面的电子增多，从而使灯管里的水银蒸发成蒸气，带电的水银蒸气会发出紫外线，使灯管内壁上的荧光物质发出可见光。

怎么会有无线的珠链?

只给你一些钢珠,你能不用线就把它们连成一条珠链吗? 神奇的磁铁能帮你做出这样一条美丽的链子哦。

必备材料:

十五颗小钢珠,一块磁铁。

开始游戏:

(1)先用磁铁吸起一颗钢珠,接着慢慢地一颗接一颗地放钢珠。

(2)你会看到,磁铁将钢珠连成了一串美丽的珠链。

游戏揭秘:

磁铁的磁性具有转移的特性。一块强磁铁吸引物体时,会产生很强的磁力,甚至会把磁性转移到原本不具有磁性的物体上。当第一颗小钢珠被磁铁吸引住的时候,磁铁把磁性逐个传给小钢珠,小钢珠就能彼此吸引了。

地球是个大磁场吗?

地球是个大磁场,我们怎么能证明这一点呢?

必备材料:

一枚大钢针,一块磁铁,一块软木,一碗水。

开始游戏:

把磁铁在钢针上按一个方向摩擦,使钢针带上磁性。然后,将钢针穿透在一块小软木上或者一小块塑料泡沫上。把钢针放进盛水的碗中,它就会浮在水面上,并左右不停地摆动起来,等它静止不动时,钢针就会处在一端指北、一端指南的位置上。

游戏揭秘：

磁铁在钢针上按一个方向摩擦，就会使钢针磁化，成为一个小磁针。由于地球本身是一个大磁场，碗中的小磁针就会发生偏转，静止后一端指南，一端指北。

"来电"的柠檬

这是一个普通的柠檬，但又很特别，因为这个柠檬能"来电"！仔细看着，这个柠檬是要经过"装备"的。

必备材料：

一节铜管，两根铜线，铁丝，小灯泡，柠檬。

开始游戏：

(1)把铜管一头插进柠檬里头。

(2)把铁丝的一端插进柠檬的另一侧。

(3)接着把一根铜线绕在铜管上，另一根铜线绕在铁丝上。

(4)把铜线的另外两端分别绕在小灯泡的连接点处。

(5)你会发现，小灯泡亮了。

游戏揭秘：

小灯泡发光是因为柠檬汁能在两种金属之间导电。当柠檬汁碰上铜和铁两种金属后，三者起反应并产生电流，而铜线一接通，一个闭路回路形成，小灯泡就亮了。

水流可以点亮小灯泡？

如果我没有足够长的电线,你能帮我把小灯泡点亮吗？只要你做完下面这个试验,你就可以骄傲地回答:"只要有水和食盐就可以!"

必备材料:

一杯纯净水,食盐,一只小灯泡,一节电池,三根导线,小勺。

开始游戏:

(1)用三根导线接好灯泡和电池,然后把导线的两端放入装有纯净水的杯子中,此时,灯泡没有亮。

(2)向纯净水中加入一勺食盐并搅拌均匀。这时,你会看到,小灯泡开始发出微弱的光。

游戏揭秘:

纯净水中没有杂质,是不导电的,电路不通,所以灯泡不会亮。纯净水中一旦溶解了食盐,溶液就能导电了,电路形成了一个回路,所以灯泡亮了。

冒火花的易拉罐

在易拉罐上包上保鲜膜,再揭开,用手靠近易拉罐,就会看到易拉罐冒出火花。

必备材料:

一只空且干燥的易拉罐,食品保鲜膜,吸管。

开始游戏:

（1）用胶带在易拉罐顶端粘上一根吸管，作为提手，以免手直接接触到易拉罐。

（2）在易拉罐上包一圈保鲜膜，拿起吸管，让易拉罐悬空，揭掉保鲜膜。

（3）用一根手指接近易拉罐，易拉罐和手指间就会冒出火花，还有一点触电般麻麻的感觉。

游戏揭秘：

当揭下易拉罐的保鲜膜时，由于摩擦，会使易拉罐积累起大量电荷，易拉罐和人体都是导体。当手指与带有大量电荷的易拉罐相接触时就产生了放电作用，使得两个导体之间的空气被击穿而出现火花。

电视机上的字

用手在干净的电视机屏幕上写一个字，然后拿粉扑往电视机屏幕上一吹，这时你就会看见写的字出现了，这是什么原因呢？

必备材料：

电视机（显像管显示器），干净的布，粉扑，滑石粉。

开始游戏：

（1）用干净的布把电视机的屏幕擦拭干净，然后将电视机打开，几十分钟后关闭，用手指在屏幕上写一个字。

（2）用粉扑沾上滑石粉，然后吹在电视机屏幕上，你会发现粉尘被电视机吸附过去了，而写字的地方却留下了空白。

游戏揭秘：

打开电视机一段时间后，电视机上布满了静电，当你用手指在屏幕上写字的时候，写字地方的静电就被手指抹去了。所以当粉扑沾上滑石粉吹在电视机屏幕上时,滑石粉微粒就被静电吸附,而写过字的地方没有静电,不会吸附,所以,电视机屏幕就会露出写字的部分。

自制指南针

指南针是野外旅行者的必备工具。你想自己手工制作一个吗?

必备材料:

条形磁铁,针,塑料盘,自来水,刀子,软木塞。

开始游戏:

(1)在磁铁的一个极上磨针几十次,朝着一个方向磨。

(2)在塑料盘中倒上水。

(3)在别人的帮助下从软木塞上切下薄薄的一片软木。

(4)让这片软木漂在水面上,把针放在上面。针会指向北方。

游戏揭秘:

地球是有磁场的。指南针是指示磁场方向的仪器。指南针的南极会被地球的北极吸引,因此它总会指向北方。通过在磁铁上磨针,针变成了磁铁。水可以让针自由转动。

金属汤匙为什么可以变成磁铁?

你知道金属汤匙为什么可以变成磁铁吗?把汤匙敲一敲,怎么又没有磁性了呢?

必备材料:

一把金属汤匙,一个磁铁,三根铁钉,三个曲别针。

开始游戏：

(1)用金属汤匙去吸铁钉、曲别针,没什么反应吧?

(2)准备一把金属汤匙,手里拿一块磁铁慢慢地在汤匙上来回摩擦。

(3)再拿汤匙去吸铁钉、曲别针。

(4)汤匙将铁钉、曲别针吸起来了。

(5)将汤匙在桌子上一敲,汤匙的磁力又消失了。

游戏揭秘：

构成汤匙的金属物质可以被看成是一个个的小磁铁,但由于它们的磁场方向不同,作用被相互抵消,整个汤匙也就没有了磁性。如果用一块真正磁铁的磁力将汤匙内部的小磁铁的磁场强行排列成同一方向,汤匙就会表现出磁力。将汤匙在桌子上一敲,其内部小磁铁的排列被破坏掉,汤匙的磁力也就消失了。

气球"静电摆"

这里介绍一个"静电摆"游戏,但你在做的时候注意做好绝缘措施。

必备材料：

两个金属易拉罐,一个气球,一只回形针和细线,三块绝缘板。

游戏开始：

(1)事先把三块绝缘板用洗洁精刷洗,并用清水冲淋干净,再曝晒干燥。

(2)把两块绝缘板放在桌上,每块板上放一个易拉罐。

(3)在第三块板上穿线悬吊一只回形针,并把这块板像桥梁一样架在两个易拉罐上,调整实验装置,使回形针位于两个易拉罐的当中,与每个罐子距离都保持在一厘米左右。

（4）现在把气球吹大并扎紧。用干燥的毛衣或尼龙布等材料摩擦气球，然后用气球接触一个罐子。这时，回形针就开始像钟摆一样左右摆动起来。

游戏揭秘：

这是因为气球经摩擦后带上静电荷，当靠近或接触罐子时，一部分静电荷转移到罐子上了。这时，原本不带电的回形针受到带电罐子的吸引，靠近并接触带电罐子，之后获得电荷，带电罐子的吸引力消失，回形针受重力作用回到原位；但是所获得的电荷又使它受到另一个不带电罐的吸引，向另一方向摆动，这样反复几次，直到三者之间的静电荷接近中和，无法再引起回形针摆动为止。

做静电游戏对环境的要求很高，必须在晴朗、干燥的天气下进行，空气潮湿的话，游戏就不容易成功；另外，对实验设备绝缘要求也很高，如果绝缘性能差，电荷很容易流失。

"鱼"跳"虾"跃

必备材料：

一块玻璃，白纸，彩笔，绸布。

开始游戏：

找一块玻璃，用白纸剪一些"小鱼、小虾"，并涂上颜色，放在玻璃上。注意玻璃要干燥，最好拿到阳光下晒一下，免得潮湿。用绸布在玻璃上摩擦许多次，这时"小鱼、小虾"竞相跳跃，如同撞上渔网一般。

游戏揭秘：

两物体相互摩擦时，就会带电，能吸引小的物体。电有正电荷和负电荷之分。绸布在玻璃上摩擦，使玻璃带上了正电荷，所以就会引得很轻的

"小鱼"和"小虾"跳起来。

口香糖还能在口中放电?

方糖也带电吗? 你更想不到口香糖还能在你口中放电吧? 那就做做下面的游戏吧!

必备材料:

两块方糖,黑暗的房间。

开始游戏:

在晚上关掉房间里的灯,拉上窗帘,让眼睛适应黑暗。取两块方塘,像划火柴一样迅速摩擦,也可用一块敲击另一块,两块方糖碰撞的时候,你能看到微弱的光芒。

如果你在黑暗中注意观察自己嚼口香糖的样子,可能也会发现口香糖发出蓝绿色的火光。

游戏揭秘:

这是关于压电现象的游戏,有些固体电介质由于晶格点阵的特殊结构,会产生一种特殊现象,即当挤压、拉长该晶体,发生机械形变的时候,晶体会产生极化,在相对的两面上会产生异号束缚电荷。糖的晶体就有这种特性。在糖分子中都存有化学能,敲击两块方糖,压力的作用能将化学能转化为光能,因而就能够看到火光。

口香糖中含有鹿蹄草,鹿蹄草是一种能够吸收紫外线能量并将它变成可见光的物质。这种反应叫荧光反应,能发出蓝绿色的光,比方糖发出的光要强得多。

静电的声音

在干燥的天气里,用梳子梳理干燥的头发,头发就会跟着梳子飞起来,这就是静电现象。静电也能产生"噼里啪啦"的声音。

必备材料:

一枚大回形针,一条羊毛围巾,一把干净的塑料尺,一把剪刀,一块橡皮泥。

开始游戏:

(1)将回形针固定在橡皮泥上,使得回形针与桌面固定。

(2)用羊毛围巾包住塑料尺,用力抽动尺子,来回抽动5至6次。

(3)取出塑料尺,靠近回形针的上端,你会听到噼啪声。

游戏揭秘:

当尺子与羊毛围巾摩擦时,羊毛围巾上的电子被带到塑料尺上。电子的运动趋势是从电子密集区向电子稀疏区移动,因此,塑料尺上的电子会穿过空气到达回形针上。电子在空气中移动时会产生声波,所以你就能听到噼啪声。

能够传染的磁性

必备材料:

条形磁铁一块,大头针若干。

游戏开始:

(1)将条形磁铁慢慢靠近大头针,用磁铁吸住一根大头针的一头。

(2)然后用已经被吸住的大头针慢慢靠近另外一根大头针。

(3)另外一根大头针居然被磁铁上的大头针吸起来了。

游戏揭秘：

任何物质里面，都有自传并且围绕原子核旋转的电子，而正是因为这些电子，才有了磁性。然而，大多数电子都是没有方向的运动，所以相互之间的磁性抵消了，这就是为什么有些物体没有磁性的原因。但是，当我们拿着磁铁靠近物体的时候，电子就朝同一个方向做运动，从而让物体有了磁性。

趣味钓鱼

闲暇时你可以玩玩钓鱼游戏，你可以自制"小鱼"，用特别的鱼钩钓起。

必备材料：

一根筷子，一把剪刀，一卷胶带，一些水，一支笔，几枚回形针，一个浅水盆，几张美工纸，一根细绳，一块小磁铁。

开始游戏：

(1)在纸上画出鱼的形状，然后用剪刀把它剪下。

(2)在每条"鱼"上都别上一枚回形针，你可以别在不同的位置上。

(3)把细绳的一端系上磁铁，另一端系到筷子上，做成钓鱼竿。

(4)往水盆中倒入水，将"鱼"放到水上面，如果"鱼"沉下去也没关系。

(5)拿着钓鱼竿，把它慢慢地放到水面上，磁铁就会把"鱼"钓上来了。

游戏揭秘：

铁做的回形针被吸到磁铁上，磁力也可以进入水中，因此你也可以钓到沉入盆底的"鱼"。

产生电流的土豆

金属和金属之间可以产生电流,那么金属和土豆之间也能产生电流吗?

必备材料:

一根铜丝,一根锌丝,一个生土豆,一副耳机。

开始游戏:

(1)将生土豆置于桌子上,将铜丝和锌丝分别插入土豆。两根金属丝的距离保持在一厘米左右。

(2)将耳机插头接触两根金属丝,这时,我们可以听到耳机里发出清晰的嚓嚓声。

游戏揭秘:

土豆汁接触两根金属丝(铜丝和锌丝)形成了原电池,从而产生了微弱的电流,这个现象最初是被意大利医生伽伐尼发现的,这个现象也以他的名字命名。

人造"氢气球"

氢气球能飞到天花板上是自然而然的事,但是我们如果买的不是氢气球而是普通的气球,那么我们怎样让普通气球飞起来呢?

必备材料:

一只气球,毛料。

开始游戏：

(1)给气球吹气，扎好口，松开手后气球就会落在地面。

(2)用毛料摩擦气球，松手后，你会发现气球飞到天花板上了，还能在上面停留好几个小时。

游戏揭秘：

气球经过摩擦之后已经带上了静电，带上了负电荷的气球和天花板的正电荷相互吸引，电子在天花板上运动，直至正负电子取得平衡。由于天花板不是良好的导体，在干燥和温暖的室内环境下，可以持续几个小时，气球才会飘落下来。

隔空取物

装在玻璃瓶里面的钢珠，你不用把瓶放倒就能把它们取出来，你知道用什么方法吗？

必备材料：

小钢珠，装有水的玻璃瓶，磁铁。

开始游戏：

(1)把小钢珠放入有水的玻璃瓶里，把磁铁的一端靠在瓶底侧面，将小钢珠吸附。

(2)沿着瓶壁慢慢地将磁铁向上移动，小钢珠就会紧跟磁铁一起向上移动，当磁铁慢慢滑到瓶口处，小钢珠就会随着移动至瓶口，再将磁铁向上移动，小钢珠就会被磁铁吸附上来。

游戏揭秘：

磁铁具有吸引钢铁等磁性材料的性质，磁铁的磁力能穿透玻璃、纸片、水等非磁性材料，对钢铁起到吸附作用。所以当磁铁靠在瓶底就会把小钢珠吸附过去,小钢珠随着磁铁的移动而移动,直到被取出来。

米粒为什么会四处飞溅?

必备材料:

一个小碟,一些米粒,塑料小汤勺,毛衣(毛料布块)。

开始游戏:

(1)在一个小碟子里装上一些干燥的米粒,然后,把塑料小汤勺用毛衣或毛料布块摩擦一会儿,再把小汤勺靠近盛有小米粒的碟子上面,这时小米粒就会自动跳起来,吸附在汤勺上。

(2)有趣的现象就要发生了:刚刚吸在汤勺上的小米粒,一眨眼工夫,像四溅的火花,突然向四周散射开去。这是什么原因呢?

游戏揭秘:

刚开始的时候,由于汤勺和毛衣摩擦,产生了电荷,具有了吸引力,所以小米粒受电荷的吸引,纷纷跳起来。但是,带电的汤勺吸引小米粒的时间是很短的,当小米粒吸附在小汤勺上以后,汤勺上吸附的小米粒就都带有与汤勺同样的电荷。由于同性电荷是相互排斥的,所以吸附在汤勺上的小米粒互相排斥,就全部散射开了。

能被磁铁吸引的铅笔

铅笔是否能被磁铁吸引呢?做完下面这个游戏你就知道了。

必备材料:

一根削好的铅笔,一根没削的铅笔,一块磁铁。

开始游戏：

（1）把没削的铅笔平放在桌子上，然后把削好的铅笔放于其上，使得它保持平衡。

（2）我们用小磁铁小心地接近铅笔尖，你会发现，铅笔会转向磁铁。

游戏揭秘：

这是因为铅笔中的石墨被磁铁所吸引，吸引力虽然弱于铁，但原理是一样的，石墨中的微小的原始磁颗粒本身是混乱排序的，通过强磁铁的磁场使其有序排列，出现南北两极，并随之被吸引。

迷路的指南针

指南针是户外活动的好帮手，能使我们在陌生的环境中不容易迷路，但是，有时候连指南针本身也会"迷路"。

必备材料：

胶条，细导线，指南针，玻璃杯，干电池。

开始游戏：

（1）用胶条把细导线固定在倒置的玻璃杯上方，使其成为弧形。

（2）弧形导线下放一个指南针，转动玻璃杯，让指南针的指针正好和导线平行，将导线两端连接在电池上，指南针的指针立即就变成了同导线交叉的状态。

（3）改变导线的正负极，发现指南针的方向也随之发生变化。

游戏揭秘：

这是因为电流通过的导线的周围产生磁力线，在弧形线的一侧产生磁性北极，另一侧是南极，改变电流方向，两极即改变位置，指南针的磁性指针将与磁场线方向一致。

筷子为何会转圈？

筷子能在牙签筒上转动,神奇吗？这是怎么办到的？

必备材料:

卫生筷,牙签筒,吸管,纸巾。

开始游戏:

(1)把牙签筒平稳地固定在桌面上,将卫生筷放在牙签筒上,使其保持平衡。

(2)将吸管用纸巾反复摩擦,然后靠近卫生筷的一头,卫生筷就会被吸管牵引,一圈圈地转动起来。

游戏揭秘:

吸管经过纸巾摩擦后,就会带上负电荷,用吸管靠近筷子的时候,筷子上的正电荷会被吸管上所带的负电荷吸引而聚集到靠近吸管的那一端,负电荷则被排斥到另外一端,于是筷子一端带正电荷,另一端带负电荷。吸管的负电荷和筷子的正电荷产生了相互牵引作用,于是筷子就转动起来了。

第四章

角逐的冷与热

冰水为什么烧不热?

必备材料:

冰块,锅,温度计(测量水温),一把勺子,一些冰块和水。

开始游戏:

(1)在锅内放 13 厘米至 15 厘米深的水和冰块,然后用温度计充分搅拌,直到温度计的温度达到 0℃。注意使温度计上的小球全部没入冰水中,不要靠着锅边或锅底。

(2)把锅放在小火上烧一分钟,端下锅把冰水彻底搅拌一下,看看温度计是多少度。如果温度没有上升,再把冰水加热,直到冰块几乎全部融化为止,再测一次温度,温度上升了吗?

游戏揭秘:

只要水里有冰,温度就能保持在 0℃。你用来给锅加热的热能并没有消失,而是用来融化冰了,一点也没有加热锅里的水。当冰化完后,再继续加热,热能就会使水温提高。

手帕为何不怕火烧?

我们知道,真金不怕火炼。可是,一块普通的棉质手帕,竟然也不怕火烧,你相信吗?让我们一起来做这个游戏吧!

必备材料:

一块棉质手帕,火柴,一枚硬币,一支香。

开始游戏：

（1）用手帕把硬币紧紧包裹住。

（2）用火柴把香点燃，拿着香去烧手帕上裹着硬币的地方。小心操作，一定要注意安全。

（3）过一会儿，你会发现，香灰落下了，而手帕却没有烧起来。

游戏揭秘：

这个游戏利用了不同材料的导热性不同的原理。金属比棉织品导热快，香燃烧时发出的热刚散到手帕上时，马上就被硬币吸收走了，因此手帕始终无法达到着火点，自然就不会燃烧了。

玻璃杯也会滑冰？

必备材料：

一只玻璃杯，热水，桌子。

开始游戏：

（1）把一只玻璃杯用热水冲淋一下，并在杯里留少许热水，然后把杯子迅速反扣在光滑的桌面上。小心操作，注意安全不要烫伤。

（2）朝杯子轻轻地吹风或用羽毛推它，你只要用一点点力气，玻璃杯便鬼使神差地在桌面上轻松滑行起来，就像花样滑冰运动员一样轻盈，几乎没有什么摩擦力。这是怎么回事呢？

游戏揭秘：

这是由于当杯子迅速反扣在桌面上时，杯中的热水倒出便有空气进入，杯壁上及留下的热水中所具有的热量使这些空气发生热膨胀现象，从而把反扣在桌面的杯子微微向上托起。这时的杯子已经不再与桌面直接接触了，而是支持在一层薄薄的水膜和"飞垫"上。因此，杯子和桌面之间的摩擦力就变得很小很小了。只要有很小的外力作用,杯子就能向前滑行。

小鲤鱼能在沸水里游泳?

在动画片《小鲤鱼历险记》中,师父三头凤让小鲤鱼和他的朋友们游到沸腾的岩浆中接受锻炼。现在我们也来做个实验,让小鱼在沸水中游泳,看看会发生什么。

必备材料:

水,一条活着的小鱼,一支试管,一个试管夹,一支蜡烛,一盒火柴。

开始游戏:

(1)在试管内注入九成满的清水,将鱼放入试管。

(2)用试管夹夹住试管,以口朝上的方式倾斜。

(3)点燃蜡烛,然后对试管上方的水加热。

(4)没多久,试管里的水开了,冒出了水蒸气,并传出水沸的声音,而试管底部的小鱼却依旧轻松自在地游着。

游戏揭秘:

水被加热后密度变小,会自然上升,而不会向下流。试管上方的水虽然沸腾了,却不影响下方的水的温度。所以,试管底部的小鱼不受干扰,仍能自由自在地游着。

沸水中的冰块为何不融化?

能不让沸水里的冰块融化,你肯定会以为在说大话,其实这很容易办到。

必备材料：

小冰格，一根长 10 厘米左右的棉线，冰箱，一根细铁丝，酒精灯，小螺帽，一支大号试管。

开始游戏：

(1)先在小冰格里盛上水，将一根长 10 厘米左右的棉线一端放在水中，把冰格放在冰箱冷冻室里冻成一小块冰备用。

(2)用一根细铁丝弯成一支试管托架，套在加热用的酒精灯瓶颈上。

(3)取出小冰块，用拖在冰块上的线系住一只小螺帽。

(4)在一支大号试管中盛上容积约为五分之四的冷水后，将冰块和小螺帽投入试管，要求让冰块沉入水底而不浮上来。

(5)将试管斜套在酒精灯上的试管搁架里，点燃酒精灯，稍待片刻，试管中的水沸腾了。这时，你会发现一个奇怪的现象：上面的水在沸腾，而沉在水底的冰块竟然没有融化。

游戏揭秘：

为什么会产生这种奇特的现象呢？关键在于加热的方法。加热时火焰对准的是试管上部，水在加热过程中，试管上部的水受热膨胀变得比较轻，从而停留在试管上部。由于水的传热率很低，因此热量传导到试管底部的速度很慢，所以试管底部的水一直很冷。说穿了，这块冰并不是"热水中的冰"，而只是"热水下的冰"，这样它当然就不会融化了。

学学吧，自己做琥珀

大家见过晶莹剔透的琥珀吧？那些小昆虫是怎样进到琥珀里面去的呢？很好奇吧，不要急，让我们一起做个游戏，探求其中的原理吧！

必备材料:

打火机,死掉的小昆虫,酒精灯,两个小铁罐,三脚架,松香。

开始游戏:

(1)在一个小罐里放入适量的松香,另一个小罐里放进小昆虫。

(2)点燃酒精灯,将放了松香的小罐放到三脚架上加热(注意:松香很容易燃烧,实验时要小心)。

(3)等松香化开后,停止加热。

(4)等上一会儿,让罐里化开的松香稍稍冷却。

(5)拿起铁罐,将熔化的松香倒在另一个小罐里的小昆虫上。

(6)等冷却凝固后,一块人造琥珀就做好了。

游戏揭秘:

游戏中的松香颜色跟琥珀颜色接近。松香被加热后,会变液体,液体冷却下来后变得黏稠,倒在昆虫身上,最后凝固成了琥珀的样子。

为什么蜡烛无法熄灭?

把蜡烛吹灭以后,它瞬间又会燃烧起来,这是为什么呢?

必备材料:

两根蜡烛,打火机。

开始游戏:

(1)点燃两根蜡烛,左手那根蜡烛在上,右手的蜡烛在下,火焰对火焰,横向地握起来。

(2)两根蜡烛上下留四五厘米的距离,无论你吹灭哪根蜡烛,它瞬间都会燃烧起来。

游戏揭秘：

当两根蜡烛在如此近的距离燃烧时，每根蜡烛都会产生蜡油蒸汽，当一根蜡烛刚刚熄灭，它释放出的蜡油蒸汽会被另外一根蜡烛点燃，从而两根蜡烛都燃烧起来。

盐水也能写字？

用盐水写字。听起来是不是很新鲜？这个游戏将告诉你盐水不但能写字，而且写出的字还能闪亮发光。

必备材料：

食盐，毛笔，杯子，水，黑纸，小勺，筷子。

开始游戏：

（1）往杯子中倒入两勺食盐，并倒入适量的水，用小勺搅拌，直至盐粒完全溶解。

（2）用毛笔蘸盐水在黑纸上写字，然后放在太阳下烘干。

（3）黑纸上会出现白色闪亮的字。

游戏揭秘：

黑纸上的盐水被烘干以后，水分蒸发掉，就会留下盐的白色结晶。蒸发就是液体变为气体的过程，液体的物质分子不停地朝着不同方向，以不同的速度运动着。当温度升高时，液体分子就冲破分子之间的引力，变成气体分子散逸到空气中。

糖水和盐水谁先结冰？

糖水和盐水谁会先结冰呢？让我们做下面的小游戏吧。

必备材料：

蔗糖,食盐,冰箱,勺子,3 个杯子,水。

开始游戏：

(1)取 3 个杯子,加入清水,前 2 个杯子分别放入 3 勺蔗糖和 3 勺食盐,做好标记,第 3 杯什么也不加。

(2)将 3 个杯子一起放进冰箱冷冻,每隔 15 分钟检查一次,你会发现装有清水的杯子最先结冰,其次是糖水,而盐水很难结冰。

游戏揭秘：

一般来说,水溶液浓度越高,其凝固点就越低。虽然水中加入的蔗糖和食盐的体积是相同的,但是同样一勺盐的分子数目要远远大于糖的分子数目,所以盐溶液的浓度更大,因此水最先结冰,糖水其次,而盐水很难结冰。

鱼竿不仅能钓鱼,还能钓冰块

你想像钓鱼一样,把冰块钓起来吗？你也许会问,冰块又不会像鱼一样去咬鱼饵,怎么能钓得起来呢？我们可以通过这个小游戏来试一试。

必备材料：

铅笔,丝线,一只杯子,一个小冰块,食盐。

开始游戏：

(1)用铅笔和丝线做一支鱼竿。

(2)在一只杯子里装上水,让一个小冰块漂浮在水上。

(3)如何才能用这支鱼竿把冰块钓起来呢？把丝线头下降到冰块上,然后在冰块上撒几粒食盐,线头立即就会冻在冰块上。

游戏揭秘：

食盐使冰块融化，这恰恰是几粒食盐在冰块上起的作用。一个物体融化时需要热量，于是热量从冰块表面上没有沾到盐粒的地方摄取，这里的液体立即重新结冰，把落在上面的线头冻在冰块上，这样就可以把冰块钓上来了。

炒瓜子为何要放沙子？

为什么炒瓜子要放沙子呢？让我们一起来找答案吧。

必备材料：

生葵花子，沙子，盘子，炒锅，电磁炉。

开始游戏：

（1）取出一部分生葵花子，直接放在炒锅中，打开电磁炉，开始翻炒，几分钟后瓜子都炒煳了。

（2）将这些炒煳的瓜子倒在盘子中。

（3）将剩余的瓜子放进炒锅中，再将沙子一同放入，打开电磁炉开始翻炒。同样的翻炒，加了沙子翻炒的瓜子比没有加沙子的瓜子更香，而且瓜子也不容易煳。

游戏揭秘：

这主要是因为热传导，沙子十分细小，导热性能好，它能将瓜子全部裹起来，让瓜子均匀受热，这样瓜子就更容易熟透，也不会炒煳。若是单独炒瓜子，不放沙子，瓜子很难均匀受热，就容易炒煳。

当热水与冰块相遇

饮料瓶里有半瓶热水,当这半瓶热水在瓶口遇到冰块时,瓶里会有什么现象发生呢?一起来做游戏吧!

必备材料:

一个空的大可乐瓶,冰块,热水,量杯,毛巾。

开始游戏:

(1)将热水倒入大可乐瓶里。

(2)几秒钟后,将瓶里的一半热水倒回量杯,记着要用毛巾裹着瓶子。

(3)将一块冰放在瓶口上。

(4)你会发现,瓶子的上半部分出现了云朵。

游戏揭秘:

游戏中,瓶里热水的水蒸气上升。水蒸气靠近瓶口的冰块时,受冷凝结成小水珠,这些小水珠便形成了瓶子里的云朵。

糖水的水蒸气是甜的吗?

糖水是甜的,它的蒸汽也是甜的吗?

必备材料:

适量水,适量白糖,勺子一把,电磁炉,煮锅。

开始游戏:

(1)将水倒入煮锅中,再放入适量的白糖,将水变成糖水。

(2)将煮锅放在电磁炉上,打开电源加热。

（3）将糖水煮至沸腾后，把勺子放在糖水的蒸汽中。

（4）待勺子上出现水珠后，把勺子移开、冷却。

（5）尝一尝勺子上水珠的味道，勺子上没有甜味。

游戏揭秘：

之所以勺子不是甜的，是因为勺子上只有水，没有糖。在加热的时候，糖水虽然冒出了蒸汽，但是糖却没有蒸发出来，糖水上面的蒸汽就是水蒸气。而水蒸气遇到冷勺子时，就会变成水，所以勺子上的水珠只是水，而不是糖水。

你能让火焰从滤网上穿过吗？

必备材料：

一支蜡烛，一个金属滤网（不要用塑料滤网，因为塑料会着火）。

开始游戏：

点燃蜡烛，把滤网放在火焰上。

你能让火焰从滤网上穿过吗？这个游戏看起来十分容易，滤网上有那么多网眼，火焰穿过网眼不是轻而易举的事吗？事实上这是办不到的。火焰"老老实实"地待在滤网下面燃烧，一丝都不会跑上来。

游戏揭秘：

滤网尽管有许多洞眼，但火焰只会待在滤网下面燃烧。我们知道，火焰是燃烧着的可燃气体发出的热和光，而金属是热的良好导体，能够把火焰中的热量很快传送到周围空气中去。因此，经过金属网以后，气体便不能维持燃点（燃料燃烧时所达到的最低温度），也就烧不起来。金属滤网就好比一个隔热器，把燃烧全部限制在滤网下面了。你从旁边观察，可以看到蜡烛燃烧时冒出的烟自由地从网眼中穿过，但火焰却被限制在滤网下面。

冻成冰块橙汁,你能咬得动吗?

将橙汁放入冰箱冷冻,结成的冰块是否会和水结成的冰块一样坚硬无比呢?

必备材料:

一瓶橙汁,一只制冰盘,水,冰箱。

开始游戏:

(1)在制冰盘的一半格子中倒满橙汁,另一半倒满水。

(2)将冰盘放在冰箱的冷冻室中,放置一夜。取出冰块,分别试着咬一下,你会发现有所不同。

游戏揭秘:

橙汁与水都会从液体变成固体,但橙汁结成的冰块并不坚硬,很容易就被咬破。这是因为橙汁含有大量其他物质,比如膳食纤维等,这些物质完全结冰的温度在零摄氏度以下。

如何让电风扇吹凉风?

夏天的时候,有时候电风扇吹的是热风,我们有什么对应措施让它吹凉风呢?

必备材料:

湿毛巾,毛巾架,电风扇。

开始游戏:

(1)把湿毛巾挂在毛巾架上,放在电风扇前面,使得风刚好穿过毛巾吹到人的身上。

（2）明显感觉电风扇吹出来的风变得凉凉的。

游戏揭秘：

这个实验利用了水分蒸发吸热的特性。水蒸发时需要吸收周围很多的热量，毛巾上的水蒸发时，会从电风扇的风中吸收热量，所以风就变得很凉快了。

陈旧的报纸为什么会变黄？

搁置太久的报纸容易变黄，你知道这是为什么吗？

必备材料：

报纸，夹子。

开始游戏：

（1）将一张废报纸放到阳光能直射到的地方，用夹子固定好。

（2）过一周后，你会发现报纸已经被晒得变黄了。

游戏揭秘：

报纸是用木浆做成的，经过层层工序除去水分，留下的是柔韧的纤维素。报纸本身就带有黄色，在制造工艺中，一般是用二氧化硫漂白的，稳定性并不是很好，这样空气里的氧气与纤维素慢慢发生了化学反应，二氧化硫不断挥发，纸就变成黄色的了。

热牛奶和凉牛奶，哪个温度下降得快？

把两杯牛奶放进电冰箱，一杯热的，一杯凉的，你知道哪个温度下降得快吗？

必备材料：

热牛奶,凉牛奶,电冰箱,温度计。

开始游戏：

(1)将凉、热两杯牛奶同时放进电冰箱中。

(2)一小时后取出,插入温度计,你会发现热牛奶比凉牛奶温度低。

游戏揭秘：

液体冷却的快慢不是由液体的平均温度决定的,而是由液体表面与底部的温度差决定的。热牛奶冷却时,这种温度差异性较大,而且在降温过程中,热牛奶的温度差一直大于凉牛奶的温度差,牛奶表面的温度越高,从表面散发的热量就越多,因此降温也就越快。

黑色垃圾袋为什么能飞上天？

黑色垃圾袋也能飞上天空。你知道它能升空的科学原理吗？下面就让我们开始这个游戏。

必备材料：

电吹风机,黑色垃圾袋,胶带,细绳。

开始游戏：

(1)选择一个有太阳的中午。用手将黑色的大垃圾袋口收拢抓紧,用吹风机向里面吹热风,使得袋子膨胀起来。

(2)收紧袋口,用胶带固定,用长线牢牢地绑住。在屋外放飞袋子,只见黑色的袋子缓慢上升。

游戏揭秘：

黑色的垃圾袋很容易吸收太阳光的热量,袋子里的空气因温度上升而膨胀,由密度方程我们可以知道,袋子里的空气膨胀以后密度就变小了。膨胀的袋子因为体积变大,受到的空气浮力也就相应跟着变大,自然就会向上升。

小纸条,为什么燃烧不焦?

这是一个需要用火的小游戏,必须在远离引火物的地方操作,还要记得一定要小心操作,注意安全。

必备材料:

一支金属笔杆的钢笔或圆珠笔,一张纸,打火机。

开始游戏:

(1)裁一条宽约一厘米的纸条,将它在金属笔杆上紧紧绕一层,把纸条末端塞进笔杆里。

(2)然后一手横拿笔杆,另一只手用打火机从下方烧绕在笔杆上的纸条。奇怪,平时纸条一点就着,现在火焰把笔杆烧得烫手,纸条却安然无恙。

游戏揭秘:

干燥的纸条达到130℃的温度就会着火。打火机火焰的温度远远超过130℃,为什么纸条点不着呢? 原来是包在里面的金属笔杆保护着它。金属有很好的导热性,又有很好的吸热能力。当火焰烧在纸条上时,薄薄的纸把大部分热量传给了金属笔杆,只要你的手还捏得住笔杆,纸条就不会烧焦。

哪个勺子的绿豆最先掉下来？

不同材料的勺子柄上都粘了一粒绿豆，这是干什么呀？这是一场比赛，比比哪个勺子上的绿豆先掉下来。

必备材料：

银勺，塑料勺，木勺，开水，玻璃杯，黄油，绿豆。

开始游戏：

(1)分别在银勺、塑料勺和木勺的同一高度处用黄油粘上一粒绿豆。

(2)将银勺、塑料勺和木勺放到玻璃杯里。

(3)往玻璃杯里缓缓倒入开水。

(4)一段时间后，银勺上的绿豆最先掉下来，接着是塑料勺上的绿豆，而木勺上的绿豆最后才掉下来。

游戏揭秘：

银是热的良导体。游戏中银勺的导热性能最好，所以，银勺上的黄油很快就熔化了，绿豆便掉下来。塑料的导热性居中，而木头几乎不能导热，这样，木棒上的黄油很难化掉，绿豆也就最后才掉下来。

玻璃上为什么会出现手印？

必备材料：

玻璃窗。

开始游戏：

(1)将手指并拢，并将整个手贴在玻璃窗上。

（2）心中默数六十下，也就是一分钟左右，将手收回。

（3）观察玻璃窗。一分钟后，手虽然收回了，但是却在玻璃上留下了一个清晰的手印，在于接触玻璃的周围都渗出了水滴。

游戏揭秘：

这就是冷热的奥秘。因为人手的温度要比玻璃的温度高，由于人体也会排出水分，从手上排出的水分，遇到冷玻璃后就会出现冷凝现象，使手周围的玻璃上出现水珠，而手所接触的玻璃，没有足够的空气，所以才没有水珠形成。

棉线居然可以割开玻璃？

我们一般是利用镶有金刚石的玻璃刀来切割玻璃，那你知道用棉线也可以割开玻璃吗？

必备材料：

长棉线，玻璃，汽油，冰水，水盆，火柴。

开始游戏：

（1）把长棉线浸满汽油，将棉线放到想切割玻璃的位置上，然后用火柴点燃棉线。

（2）在棉线将要熄灭的时候，把玻璃迅速地放进装有冰水的水盆里，只见玻璃立刻沿着刚才棉线的位置断裂开。

游戏揭秘：

这个游戏同样是利用热胀冷缩的原理，棉线燃烧过的地方，温度会很高，于是此处玻璃会受热膨胀。当迅速把玻璃放进冷水中后，玻璃遇冷迅速收缩，玻璃是热的不良导体，其内外的伸缩程度不一样，所以很容易沿着线的位置断裂开。

3 分钟轻松打开罐头瓶

罐头好吃,但是开启罐头还是有些麻烦,又拍又撬,实在折腾人。现在有办法了!只要一盆热水就可以轻松解决问题了。

必备材料:

玻璃罐头,毛巾,脸盆,热水。

开始游戏:

(1)往脸盆里倒进半盆热水(注意不要太热)。

(2)将玻璃罐头瓶口向下放到热水里。

(3)一分钟后,用毛巾裹着罐头从热水里拿出来。

(4)用毛巾擦去罐头上的水。

(5)一手拿着裹了毛巾的罐头,一手试着拧一下瓶盖。结果,轻轻一拧,瓶盖就打开了。

游戏揭秘:

罐头食品都是经过热加工后被封装的,当时罐内的空气温度会很高。但是,等到罐内空气变冷后,瓶里形成了一个低压区,瓶盖就很难拧开了。把罐头瓶浸在热水里,罐内温度升高,瓶内外的气压差减小,瓶盖就可以轻松拧开了。

碎冰能让水沸腾?

现在问你一个问题:要让水沸腾,是用沸水烫还是用碎冰浇呢?你可能会选沸水烫。错!用碎冰才对!用碎冰能让水沸腾,这太奇怪了,赶紧来看看！

必备材料：

有瓶塞的玻璃瓶，水，人勺子，食盐，锅，碎冰，煤气灶。

开始游戏：

(1)往锅里加水。

(2)在锅里的水中加盐并搅拌，加热至沸腾。

(3)往玻璃瓶里加半瓶水，放进锅里，直到瓶里的水沸腾。

(4)小心地把瓶子从锅里拿出来，马上塞上瓶塞(注意安全，不要烫伤)。

(5)等瓶子里的水不再沸腾，把瓶子倒过来。

(6)先用沸水浇瓶底，瓶里的水没有沸腾起来。

(7)接着往瓶底放一些碎冰，瓶里的水立刻沸腾起来了。

游戏揭秘：

用冰冷却瓶子，会使瓶内空气温度降低，空气密度变小，因此，瓶里的气压减小了。水在低气压的情况下，沸点也会跟着降低，所以，瓶里的水又重新沸腾起来。

水与土哪个更耐热？

水和土在进行一场什么样的比赛呢？耐热比赛。其实，比赛规则也简单，一杯水和一杯土同时晒太阳……

必备材料：

一杯水，一杯土，温度计。

开始游戏：

(1)选一个晴天，找一处太阳直射的地方。

(2)同时把一杯水和一杯土并排放在太阳下。

(3)半小时后,用温度计分别测量杯里的水和土的温度。

(4)结果发现,土的温度要比水高一些。

游戏揭秘:

在水里,热量可以往下传导;在土里,阳光无法穿透土层,热量就只能被保留在表面,因此土的温度会较高。此外,质量相同的水和土,升高相同温度时水所需的热量要比土多。所以,游戏中土的温度要比水的温度高。

杯子洗了"桑拿浴"

一杯加了冰块的冷水,感觉冷冰冰的。可是过一会儿,杯的外壁却像人们刚洗过桑拿一样,"汗流浃背"。难道杯子真的洗了桑拿浴?

必备材料:

一只玻璃杯,水,冰块。

开始游戏:

(1)把冰块装进玻璃杯。

(2)往玻璃杯内加入一些水。

(3)把杯子放在桌上仔细观察,大约五分钟后,你会看到杯子外壁变得湿漉漉的。

游戏揭秘:

因为杯外的温度较高,当空气里的水蒸气遇到冰冷的玻璃杯后会在玻璃杯的外壁凝结成水滴。所以,我们看到杯子就像洗了桑拿浴一样,"汗滴"斑斑。

自动飞翔的爽身粉

把爽身粉撒在亮着的台灯上,爽身粉就会自动向上飞,根本不需要用手扬,这是怎么回事呢?

必备材料:

一盏没罩的台灯,爽身粉。

开始游戏:

(1)打开台灯约五分钟。

(2)往台灯上撒爽身粉,注意别碰灯泡,它非常烫。

(3)这时,你会发现爽身粉不会落下来,反而向上飞舞。

游戏揭秘:

打开台灯后,台灯的一部分电能转化为热能,使灯管周围的一部分空气温度升高,体积变大,密度减小。密度小的空气会上升,同时带动爽身粉微粒向上升起,因此爽身粉就飞舞起来。

太阳都融化不了的冰

我们知道,天气晴朗、阳光充足的日子,放在外面的冰块很快就会融化。但是,却有那么一块坚冰"拒绝"被融化。奇怪,这块坚冰为什么能这样"刚强",连太阳都奈何不了它呢?

必备材料:

两块一样大的冰块,一个盘子,一团棉花。

开始游戏:

(1)用棉花包住其中一块冰块。

（2）把被棉花包住的冰块和另一块冰块都放在盘子里，拿到屋外阳光充足的地方。

（3）十分钟后，没有被棉花包住的冰块融化变小了，而被棉花包住的冰块基本上没有什么变化。

游戏揭秘：

棉花的结构松散，其内部的空气层能阻止外界热量的进入，使冰块保持低温而不易融化；而另一块没有包裹棉花的冰块因吸收了阳光的热量而升温，很快就融化了。

你也能做出好吃的冰激凌

小朋友都爱吃冰激凌，你想知道它是如何制作出来的吗？

必备材料：

牛奶，奶油，糖，冰块，食盐，杯子，大碗，筷子，毛巾。

开始游戏：

（1）将牛奶、奶油、糖放进一个杯子里，慢慢地搅拌。

（2）把这个装满混合物的杯子放在一个大碗里，用毛巾裹住碗的外面。用冰块填满杯子与碗之间的空隙，在冰块里撒些盐。

（3）用筷子不停地搅拌杯子中的混合物，大约15分钟，我们就做出冰激凌来了。

游戏揭秘：

用冰块冷冻流体的时候，就会形成冰晶，我们在冰激凌冷却的过程中不断搅拌，就会使得冰晶变成小冰块。搅拌的时间越长，小冰块就会变得越小，冰激凌就会变得越细滑。这个时候空气也进入其中，口感会更清凉。

第五章

奇幻的声音与振动

你见过茶叶跳舞吗?

你见过茶叶跳舞吗?做了下面这个游戏你就知道茶叶为什么会翩翩起舞了。

必备材料:

少许干茶叶末,一根橡皮筋,一张塑料薄膜,一个圆铁盒,一个小铁盆,一把勺子。

开始游戏:

(1)把塑料薄膜用橡皮筋平整地固定在圆铁盒上面。

(2)将一些干茶叶末均匀地撒在塑料薄膜上。

(3)在铁盒上方用勺敲打小铁盆,然后观察塑料薄膜上的茶叶末,这时会发现茶叶末跳动了起来。

游戏揭秘:

声波通过空气微粒的振动在空气中传播。

敲打铁盆引起周围空气微粒的振动,当振动的声波向外传播时,碰到了圆铁盆上的塑料薄膜。塑料薄膜受到声波的能量冲击后也振动起来,之后又把能量传递给了茶叶末。茶叶末很轻,在能量的冲击下,便会随着敲打声跳动起来。

跟唱的玻璃杯

必备材料:

两只薄壁葡萄酒杯,肥皂。

开始游戏：

（1）把两只薄壁葡萄酒杯并排摆放在桌子上。

（2）用肥皂把手洗干净，然后用潮湿的食指缓慢地顺着一只杯沿运动。这时就会发出一种响亮而美妙的持续音响，就像玻璃杯在唱歌一样。

游戏揭秘：

手指摩擦玻璃杯，玻璃杯会受到微小的冲击，开始颤动，并波及周围的空气，但奇妙的是，声波还会传递到第二只杯子上，在第二只杯上搭一根细铁丝可以印证这一点。这种"跟唱"现象之所以会出现，是因为两只杯子在受到冲击时有同样的音高；如果不同，可以用注水的方法进行调节。

逃走的声音

同一种物体，它发出的声音也不是完全不变的，有些声音是会"逃跑"的，在下面这个游戏中你就会发现。

必备材料：

一个广口瓶，铁丝，两个小铃铛，一截蜡烛，一些稍微长一点的纸条。

开始游戏：

（1）找一个广口瓶，在瓶盖上打孔，穿过铁丝，铁丝上拴住两个小铃铛。

（2）给广口瓶盖上盖子，这样两个小铃铛就放进瓶子中了。摇晃一下，能听到小铃铛发出的清脆声音。

（3）再打开盖子，找一截蜡烛和一些稍微长一点的纸条，用蜡烛点燃这些纸条，马上将燃烧着的纸条投到瓶子中去，迅速盖上盖子。等瓶子中的纸条燃尽之后，再摇晃铃铛，是不是声音变小了很多？声音到哪里去了？逃跑了吗？

游戏揭秘：

刚开始，我们能听到铃铛的声音，是声音通过瓶内的空气以及玻璃瓶传播出来的。声音的传播需要介质，空气是一种最常见的声音传播介质。而当点燃的纸条投到瓶子里去，瓶子空气受热膨胀溢出一部分的时候，燃烧也消耗掉瓶子中的一些氧气，空气减少，而且瓶子盖上了盖子，无法从外界补充空气进来，瓶内空气变稀薄，声音的传播就受到了影响，声音变得小多了。

吸管做笛子

吸管也可以做成一支笛子，吹出不同的声音。

必备材料：

剪刀，吸管。

开始游戏：

（1）将吸管的一头用力咬扁，然后使劲吹，吸管会发出声音。

（2）如果逐一剪短吸管，随着吸管长度的变化，声音还会出现高低变化，就像笛子有不同音高一样。

游戏揭秘：

吸管被咬扁以后，吹入的气流不能顺利通过，气流撞击到吸管不规则的内壁就产生了旋涡，引起共鸣。声音的高低，则与共鸣腔的大小，即吸管的长度有关，长吸管产生低音共鸣，短吸管产生高音共鸣，因此，一边吹吸管一边剪断它时，就会听到明显的音高变化。

模仿鸟儿的叫声

鸟儿的叫声清脆婉转,下面我们就来做一个模仿鸟儿鸣叫的游戏。

必备材料:

两个纸杯,胶带,小刀,吸管。

开始游戏:

(1)将一个纸杯倒过来,在杯子的底部用小刀划一个边长约一厘米的三角形小孔。

(2)将吸管平放在杯底上,吸管口对着三角形小孔的一角,并用胶带固定好,用胶带把两个纸杯口相对地粘在一起,密封好。

(3)用吸管吹气,就会听到逼真悦耳的"鸟叫声"了。

游戏揭秘:

纸杯能够发出鸟儿般的鸣叫,是由于两只纸杯黏合在一起后便成为一个封闭的共鸣箱。我们借助吸管将空气通过三角形小孔,传入杯内。杯内的空气受到振动形成声波,而声波在封闭的空间能产生共鸣,声音强度变大,于是传出"鸟叫声"。

会跳舞的盐粒

用日常用品自制一套简易的装置,让盐粒在上面"跳舞"。

必备材料:

塑料薄膜(可用一只破气球),一根橡皮筋,一个小塑料盘,一口锅,一把饭勺,粗颗粒食盐或者米粒。

开始游戏：

(1)把塑料薄膜绷在盘子上，用一根橡皮筋固定住塑料薄膜。

(2)把盐粒或者米粒放在绷紧了的薄膜上。

(3)手持着锅，旁边放着盘子，用饭勺用力敲打锅的侧壁，你会发现盐粒纷纷从塑料薄膜上跳了起来。

游戏揭秘：

用力敲打锅侧壁，旁边的空气振动起来，形成声波，你可以听到这个声音。声波撞到盘子，使得上面的塑料薄膜也一起振动起来。盐粒被薄膜的振动带动，最终跳了起来。

会"说话"的酸奶杯

必备材料：

空酸奶杯，一段线，半根火柴，蜂蜡。

开始游戏：

(1)先在空酸奶杯的底部穿一个小孔，把一段线穿进去。

(2)然后在里面用半根火柴横着把它固定住。

(3)在线上抹上蜂蜡，再用拇指和食指去摩擦它。仔细听，会听到嘎吱嘎吱声和嗡嗡的响声。

游戏揭秘：

发黏的蜂蜡在手指抽动中摩擦。这个压力差别传递到了杯底，杯底像薄膜一样发生振动，并在空气中产生声波。缓慢摩擦，声波亦缓慢低沉；快速摩擦，声波即会短暂间歇，从而发出高音。

怎样才能听见自己的心跳声？

必备材料：

空矿泉水瓶一只，锥子一个，剪刀一把，塑料管一根，胶布。

游戏开始：

（1）用剪刀剪下矿泉水瓶的上半部分，形成一个漏斗的形状。

（2）用锥子在瓶盖上戳一个直径刚好能够穿过塑料管的小孔。

（3）塑料管从瓶盖中穿过，用胶布将塑料管和瓶盖交接的地方密封好。

（4）将矿泉水瓶的部分靠近心脏，塑料管的另外一端靠近耳朵。

（5）移动矿泉水瓶，找到心脏的位置后，听听从塑料管中传进耳朵的心跳声，耳朵里传进一声声清晰的"扑通"声。

游戏揭秘：

声音是需要传导介质传导的，声音通过传导才能进入我们的耳朵，从而引起耳膜的振动，并且通过听觉神经传输到大脑，使大脑有一个听到声音的认知。平常情况下，心脏和耳朵之间没有声音的传导物质，所以听不到心跳，但是自制的塑料管传导系统弥补了这个不足，让声音有了一个传导的通道，因此你才能够听到自己的心跳。

可以传悄悄话的小小传音罐

不用打电话，用两个金属罐、一根细绳就能和伙伴们说悄悄话。你想试试这个游戏吗？

必备材料：

两个金属罐，细绳。

开始游戏：

(1)找两个金属罐，在底部各钻一个小孔，小孔的大小在能让细绳穿过的前提下越小越好。

(2)取细绳穿过底部的小孔，将两个金属罐连接在一起(细绳两端分别打上结，要大于孔眼，以免被拉出罐外)，细绳的长度取决于你和朋友之间的距离。

(3)现在你和你的朋友一人一个金属罐，拉直细绳就可以进行对话了，但注意讲话的时候要靠近金属罐，细绳不要碰到别的东西，否则声音可能由细绳传导到别的地方去，影响效果。

游戏揭秘：

声音在固体中的传播速度很快，当你对着金属罐讲话的时候，声音经由金属罐传递到细绳上去(此时你触摸细绳就会发现有轻微的振动)，再沿着细绳朝前传播，最后到达另一端的铁罐，传到你朋友的耳朵里。

声音在液体里传播

当声音在液体里传播的时候会出现什么情况呢？

必备材料：

两只气球，细线，水。

开始游戏：

(1)将一只气球吹满气，扎好口；将另外一只气球用水充满，扎好待用。

(2)将这两只气球置于桌面上，一只手轻叩桌面，耳朵分别贴近两个气球倾听传出来的声音。

游戏揭秘：

声音的传播需要介质，不同介质中声音的传播速度和强度是不一样的，声波能传到我们耳中是因为我们周围的空气受到了声波的振动。空气的密度小，分子间距离大；而水的密度大，分子间的距离小，在水里声波的振动要容易得多。

怎样将耳机的声音变大？

必备材料：

两张纸，胶棒，录音机，耳机。

游戏开始：

（1）将两张白纸卷成圆锥形，并用胶棒固定。

（2）将录音机接入电源，并将耳机插在录音机上，打开录音机，这时你能听到录音机里面的声音吗？

（3）拿出卷好的圆锥形的纸，用其中比较尖的一头套在耳机上，再打开录音机，现在的声音与之前的有什么不同吗？戴上纸套的耳机声音更大了。

游戏揭秘：

这个纸套就像一个扩音器，但是其中的原理并不仅仅是扩音。当声音从耳机传出的时候，就会进入你用纸做的圆锥底部的尖端，使纸产生振动，当这个声波沿着纸向上传递时，越来越多的纸随之振动，使声音加大。于是，你就能清楚地听到声音了。

自制一个神奇的麦克风

下面这个游戏教会你自制麦克风,小小主持人的梦想现在可以实现了。

必备材料:

三根铅笔芯,火柴盒,干电池,耳机,电源线。

开始游戏:

(1)把所有笔芯刮光滑,用两根铅笔芯靠近火柴盒的两壁,并穿过火柴盒,然后在两根笔芯上横放一根短笔芯。

(2)把这个麦克风连接上电源线,然后和干电池以及耳机连接起来。

(3)手拿火柴盒向其中说话,耳机里可以清楚地听到你的声音。

游戏揭秘:

当电流进入石墨笔芯,当你朝着火柴盒说话的时候,火柴盒底就会振动,这样就改变了笔芯间的压力,电流就变得不均匀,电流的不稳定造成了耳机中声音的振动。

你听过梳子的声音吗?

必备材料:

一把梳齿从长到短排列的梳子。

游戏开始:

(1)用手指拨动梳齿,然后迅速把梳子放在桌子上,你会先听到很高很细的声音,然后是比较低沉的声音。

(2)再试着用手指拨动长短不同的梳齿。听听看,它们发出的声音也各不相同。

(3)掌握好高低不同的音调,多拨动几次,就可以用梳子来演奏音乐了。

游戏揭秘:

当你用手指拨动梳齿的时候,声音在空气中振动,你就听到声音了,而梳齿的长短不同,导致它们振动的频率不同,因此,你听到的声音也就不一样了。当你把振动的梳子放在桌子上时,桌子发出的声音会比较大,这是由于产生振动的桌面比梳子大得多的缘故。

气球也能做扩音器?

必备材料:

一只气球。

开始游戏:

(1)吹好气球,然后用手指轻轻敲动气球表面。

(2)将吹好的气球拿起来放在耳旁,然后再用手指轻轻地敲动气球的另一边,对比一下两次轻敲气球的声音。你会发现放在耳边听的敲击声比较大。

游戏揭秘:

当你吹气球时,你把很多空气压入气球,气球里的空气要比气球外边的空气密度大,因而里边的空气比外面空气的传声效果要好,我们靠近气球听到的声音比我们听到的手指敲动的声音要大。

声音是如何传递的?

通过下面这个游戏,我们能更好地了解声音的传播途径。

必备材料:

金属勺,一米长的棉线。

开始游戏:

(1)将金属勺子拴在棉线上,把线的两端分别缠在双手的食指上,缠绕多圈,插入耳朵,然后让勺子碰撞坚硬的物体。

(2)等勺子垂下将线拉直时,你就可以听到敲钟般的响声。

游戏揭秘:

通过敲击,金属就会振动,就像音叉一样。不过这里的振动不是通过空气,而是通过线和手指传递到耳膜上的。声音不仅可以通过空气,而且可以通过一切固体、液体和气体进行传播。

铃铛为什么不响了?

必备材料:

大小相同的铁质带盖圆筒两个,双面胶,相同的小铃铛两个,铁支架,水。

开始游戏:

(1)用双面胶将两个铃铛分别粘在圆筒盖子下面,然后再分别盖好盖,一定不要漏气。

(2)拿出一个圆筒,向里面灌入少量的水。

（3）将灌入水的圆筒放在铁支架上，加热至沸腾。

（4）看到圆筒中水沸腾，冒出大量水蒸气后，马上盖上盖子，并把圆筒放在冷水中冷却（小心不要烫伤）。

（5）摇晃没有加水的圆筒，再摇晃一下已经冷却的圆筒，没加热的铃铛还在响，但是加热的那个铃铛就不响了。

游戏揭秘：

当我们加热圆筒中的水至沸腾后，就会产生水蒸气，水蒸气会将圆筒中的空气挤出去，若是这时将盖子盖上，圆筒中就没有了空气，成了一个真空状态，所以，铃铛不会再响。

声音还能被弹回来？

声音能被弹回来。不信？那就赶快做这个实验吧。

必备材料：

纸筒两个，会发出嘀嗒声的手表一块，书一本。

开始游戏：

（1）把两个纸筒排成八字形放在桌上。

（2）在纸筒后面立放一本书。

（3）拿着手表靠在纸筒一端的开口，并用另一只手捂住另一只耳朵，你是不是能清晰地听到手表的嘀嗒声呢？

（4）拿开立放着的书，你再用手捂着耳朵听一听，你会发现把书拿开后就没有声音了。

游戏揭秘：

声音是以声波的形式在空气中传播的，如果在纸筒后边立一本书，就可以把传散到四面八方的声波挡住，将大部分声波反射回来。有的反射声波会弹回纸筒,然后传到耳朵中。声音传出去得越少,保留下来的能量就越大,听起来声音也就越大。

发出巧妙声音的易拉罐

必备材料:

易拉罐,小刀,筷子,锥子,细绳。

开始游戏:

(1)用小刀在易拉罐的侧面划开一个长5厘米、宽0.7厘米的小洞。

(2)将准备好的一根筷子折断备用,长度不小于5厘米。

(3)在易拉罐的底部用锥子凿开一个小孔,小孔只要能穿过准备好的细绳就可以。

(4)将细绳穿过刚才凿开的小孔,另一端拴住筷子。

(5)这样就可以拽住绳子,来回旋转易拉罐,在旋转易拉罐的时候,会发出"嗡嗡"的声音。

游戏揭秘:

当你们旋转易拉罐的时候,易拉罐内的空气会从侧面的洞口跑出去,同时易拉罐也振动了周围的空气,所以才会发出这样的声音。

杯子里的声音

为什么有时候同样的声音听起来会忽大忽小呢? 想知道谜底的话,让我们来进行下面这个小游戏吧。

必备材料:

一个瓶子,一把剪刀,一个铃铛,一根绳子,一张纸,打火机。

开始游戏:

(1)打开瓶子,取下瓶盖,用剪刀在瓶盖上钻一个小孔。

(2)用绳子穿过小孔,一端系上铃铛,放在瓶内。盖上瓶盖,摇动瓶子,听声音。

(3)用打火机点燃纸张,扔进瓶子,然后盖上瓶盖,摇动瓶子,听声音。

游戏揭秘:

前后两次摇动瓶子所发出的声音的音量不一样大。没燃烧纸之前的声音比燃烧纸之后的声音大。声音的传播需要介质,而空气就是最常见的传播介质。当瓶内燃烧纸张时,瓶内的空气受热膨胀就被挤出一些,加上燃烧消耗了瓶子里的氧气,空气减少,自然就会影响声音的传播,所以声音听起来就小了。

跟着学:自制一个听诊器

医生在给病人做检查的时候常会用听诊器,你想自制一个简易的听诊器吗?

必备材料:

两个漏斗,一段橡胶管。

开始游戏:

(1)将两个漏斗用橡胶管连接起来,保持密封。

(2)将一头贴到胸口处,在另外一头你可以清晰地听到"咚咚"的心跳声。

游戏揭秘:

人体内部器官发出的声波扩散开,就变得非常小,就算你和朋友站在一起,也没法听到他的心跳声,而漏斗的作用就是将心跳的声波汇集起来,然后沿着橡胶管运动,这样你就能听到心跳声了。

谁的发音盒最响?

你和几个朋友一起用身边的纸盒做出发音盒,来比赛谁的盒子叫得最响亮吧。

必备材料:

纸盒,小绳,铅笔头,松香,剪刀。

开始游戏:

(1)在纸盒的一边开一个小孔,然后把一支拴着小绳的铅笔头放进盒里,把小绳从小孔中穿出来。

(2)找一块松香在小绳上来回擦一擦,就像用松香擦二胡的弓弦一样,使得小绳变涩。

(3)用一只手握住盒子,另一只手的拇指和食指去捋绳子,你就会听到一阵很响的声音。有的声音可能像雄狮的吼声,有的声音也许像小狗的吠声。一起比赛吧!

游戏揭秘:

当小绳带动铅笔振动时,线的振动传到杯子,从而使盒子里的空气也振动起来。这种有节奏的振动就会使盒子发出类似动物的叫声。

共振是怎么回事?

下面这个游戏能让你更深刻地认识"共振现象"。

必备材料：

两根同等长的细绳，一根长绳，支架，两个大小一样的塑料球。

开始游戏：

(1)将两根细绳固定在支架上，然后取出小球，固定在细绳上。

(2)塑料球向下摆动，调整好细绳的距离，用手摇动其中一个塑料球。

(3)当摇动的那个塑料球停止运动以后，另一个原来不动的塑料球却开始运动了。

游戏揭秘：

"摆的共振"原理导致这一现象的发生。当塑料球停止运动后，绳子把振动传递给另外一个塑料球，所以另外一个塑料球开始振动。

可以吹出笛子音乐的胶卷盒

用胶卷盒和吸管这两样小东西就可以吹出笛子一样的音乐。

必备材料：

胶卷盒，吸管，剪刀。

开始游戏：

(1)在胶卷盒的侧面剪一个缺口，宽度大约是吸管直径的一半，长度大约是胶卷盒高度的一半。

(2)把吸管前端稍稍压扁，然后插入胶卷盒的缺口约一半的位置，并用透明胶带在胶卷外侧加以固定。

(3)对着吸管吹气，就会发出声音，用手挤压胶卷盒口，就能改变声调的高低。

游戏揭秘：

吸管前端吹出的气流撞击到胶卷盒的内部和底部时产生了旋涡，气流旋涡发出的声音在胶卷盒中产生了共鸣。用手挤压胶卷盒口,就改变了共鸣腔的形状,从而产生不同的共鸣方式,声调的高低也会随之而变化。

能弹奏音乐的弦乐器

究竟什么因素是弦乐器发音高低的关键呢?

必备材料:

两个小盒,石头,两支钢笔,细弦,剪刀,桌子。

开始游戏:

(1)剪一段细弦,其长度为桌子宽度的两倍。将细弦横跨过桌子,并把细弦的两端分别绑在两个小盒上,使小盒悬空。

(2)把钢笔放在细弦下方的桌子边缘。每个小盒里装半盒石头,用手指拨动细弦中间的部分,聆听声音。将两支钢笔靠近一点,再拨动细弦,聆听声音。

(3)把盒子装满石头,把钢笔移动位置,并一一拨动细弦,再次聆听声音。

游戏揭秘:

增加盒里的石头,将两支钢笔相互靠近,拨动细弦,都会产生较高的声音。振动细弦发出的声音高低会遵循一定的规律,弦的长度与绷紧程度会影响弦乐器所产生的高低音阶。音高与弦的频率相对应:弦振动得越快,声音就越高。当盒的重量增加导致张力增加时,细弦的振动就越快。两支钢笔靠近,会使细弦振动的部分变短,弦越短,振动也就越快。

水龙头为什么会发出嗡嗡的响声？

有时候打开水龙头的时候,水管会发出嗡嗡的响声,这是为什么呢？

必备材料:

水龙头。

开始游戏:

(1)打开水龙头,放水。

(2)调节水的大小,观察水管,你会发现水管发出嗡嗡的响声。

游戏揭秘:

由于水管中存在一定的水垢,水流经过水管的时候,引起了水管的共振,当两者频率刚好接近的时候就会发出很大的噪声。

物体长短与声音高低有什么关系？

你知道振动材料的长度对声音的高低有何影响吗？通过下面的游戏你就会知道了。

必备材料:

一把一米长的直尺,一张桌子。

开始游戏:

(1)将直尺放在桌上,直尺的一端伸出桌面约 25 厘米。用手将直尺的一端用力压在桌子上。

(2)用另一只手将直尺的另一端用力往下压,然后很快松开手。

(3)当直尺还在振动时,快速地在桌面上前后移动直尺。注意声音的变化。

游戏揭秘：

直尺伸出桌子边缘的长度越短,直尺振动所发出的声音就越高。声音是由振动的物体产生的,物体振动频率增加,物体发出的声音就会越高,振动材料的长度越长,上下振动的速度就越慢,所产生的声音就越低。缩短直尺振动的长度,会使直尺上下的振动加速,从而使声音变高。

贴着杯子底听到的声音为什么会响亮?

贴着杯子底所听到的声音比平时听到的要响得多。

必备材料:

一只塑料杯,一根橡皮筋。

开始游戏:

(1)将橡皮筋撑开,刚好绷住杯子。

(2)耳朵贴近杯底,轻轻地拨动绷紧的橡皮筋。橡皮筋发生的声音听起来特别响。

游戏揭秘:

声音是因为物体振动而产生的。当物体前后振动时,物体会撞击空气和其他靠近它的物体。当振动在空气中开始传播时,围绕着你的空气就会将振动传到你的耳膜,这时你才会听到声音。振动波在气体中的运动速度比在固体或液体中要慢得多。拨动橡皮筋会使橡皮筋附近的空气开始振动,但是你听到的响声,是由硬的塑料杯传递振动波到你的耳朵里的。

拨浪鼓,你会自己做吗?

必备材料:

硬纸板或塑料板,胶布,直径约一厘米、长度约 15 厘米的木棍,剪刀,线,两个相同大小的小圆珠。

游戏开始:

(1)将硬纸板剪成圆形,并在圆的两侧各打一个小眼儿。

(2)剪两段长度相同的线,并用线的一端分别固定小圆珠,再把线的另一端分别塞进圆纸板的两个小眼儿中固定(线的长度等于圆的半径)。

(3)用胶布将圆形的硬纸板固定在木棍的一端,两根拴着珠子的线平均分布在木棍的两侧。

(4)试着轻轻旋转木棍,小圆珠会打在硬纸板上并发出声响。

(5)若是加快旋转木棍的速度,你会发现什么呢?

游戏揭秘:

其实拨浪鼓之所以越摇晃声音越大,就是因为我们增加了绳子摆动的幅度。我们把这种摆动的幅度称为振幅。振幅越大,声音的响度就会越大。

铃铛为何会发出两种声音?

必备材料:

铃铛一个,表面光滑的木棍一根。

开始游戏：

(1)正常地摇动铃铛,铃铛发出清脆的声音,感受一下这时铃铛的声音。

(2)用右手握住铃铛的手柄,手一定不要碰到铃铛,将铃口朝下,另一只手拿着木棍并让它紧贴着铃铛的底端沿着周边做持续平衡的圆周运动。

(3)铃铛发出了一种"嗡嗡"的声音,感受一下这时铃铛的声音。

(4)当铃铛发出嗡嗡的声音时,拿开木棍,再次摇动铃铛,可以听到铃铛发出了"零零"和"嗡嗡"两种声音。

游戏揭秘：

铃铛能发出两种声音是因为铃铛发生了两种振动。铃舌很重地敲在铃铛壁上,产生了一种尖锐单一的撞击,这使得铃铛发出一种清脆的"零零"的声音。木头紧贴着铃铛的底端做圆周运动时,对铃铛产生了许多细小的撞击,这种细小的撞击声音每秒钟振动多次,使得铃铛发出了另外一种"嗡嗡"的声音。

奇妙的风景——脸盆喷泉

这是个奇妙的游戏。

必备材料：

一个搪瓷脸盆,水,桌子。

开始游戏：

(1)将脸盆洗干净,盆内放九成的水,放在平稳的桌面上,再把手上的油脂洗干净,保持两只手的干燥。用左右两手的大拇指,沿盆边对称的两侧来回用力进行有节奏的摩擦。

（2）随着摩擦节奏的不断调整和力度的加大，脸盆中的水珠就会向上飞溅，水珠可达 10 厘米左右，就像一个小小的喷泉，好玩极了。

游戏揭秘：

原来，每个物体都有自己特定的固有频率，脸盆也是如此。当左右手的两个大拇指有规律地按一定距离对称地在盆的边沿摩擦，摩擦产生的振动频率和脸盆本身的固有频率达到同步一致时，脸盆就会发生共振。共振时，脸盆周壁发生横向振动，这种振动犹如在平行于水面的方向用手急速地拍打水一样，迫使水珠四处喷溅。

第六章

顽皮的植物

神奇的双色花

你见过一半是红色,一半是绿色的花吗?

必备材料:

清水,绿色、红色的钢笔水,两只玻璃试管,一个玻璃杯,白色花梗。

开始游戏:

(1)用清水稀释绿色和红色的钢笔水,各灌入一只小玻璃试管中,然后把两支试管置入一个玻璃杯里。

(2)把一支开白花的花梗切开,把切开的两枝花梗末梢分别放入两只玻璃管中。

(3)花梗很快就会改变颜色,只要几个小时,花朵就会变成一半为红一半为绿的双色奇花。

游戏揭秘:

有色液体顺着花梗上的用于从根部吸取水分和营养的毛细管上升,颜色最后停留在花瓣上,所以花朵会变成双色的。

仙人掌的刺儿有什么作用?

平时注意观察,你就可以发现大部分花都长着肥大的叶子,而仙人掌却浑身长刺,不长一片叶子。仙人掌为什么这么特殊呢?做个游戏你就明白了。

必备材料:

一盆仙人掌,一盆月季,塑料袋。

开始游戏：

（1）选择两盆花：一盆仙人掌，一盆月季。

（2）把它们都浇足水，然后用塑料袋分别套住仙人掌和月季花的枝条，再把袋口用线扎紧，将这两盆花放在阳光下。

（3）两小时后，你会发现套月季花的塑料袋内壁沾有许多小水珠，而套仙人掌的塑料袋内壁看不到明显的水珠，只是在你用手摸的时候，会觉得有点湿润。

游戏揭秘：

根吸收的水分大部分是由叶片蒸腾出去的，而且叶片越大，蒸腾的水分越多。仙人掌生活在干旱的沙漠地带，它的叶呈针形，可以减小蒸腾面积，也就减少了体内水分的消耗，这样它就可以在沙漠中生存了。

有白色的树叶吗？

植物光合作用离不开叶绿素，叶绿素是存在于植物细胞叶绿体中的一种极重要的绿色色素。这里介绍一个简单的检验叶绿素的小游戏，你不妨做一做。

必备材料：

大小烧杯各一个，水，酒精，绿叶若干，三脚架，酒精灯等。

开始游戏：

（1）在大小两个烧杯中各倒入少量清水，将两片绿叶放入小烧杯中，再将小烧杯置于大烧杯内，进行水温加热。

（2）加热一会儿后，绿叶没有什么变化，取出绿叶，倒掉小烧杯里的水，换为酒精，再加热。

（3）换上酒精加热一会儿后，碧绿的叶片变成了白色，而酒精却成了绿色。

游戏揭秘：

叶绿素不溶于水，所以把叶片放在水中加热，绿叶没有什么变化。但叶绿素溶于酒精，所以把绿叶放入酒精中加热，叶绿素便从绿叶中跑出来，使无色的酒精变成了绿色，从而检验出绿叶中含有叶绿素。

豆子能够让瓶子炸裂吗？

必备材料：

少量黄豆，一只薄壁的玻璃瓶，水，软木塞。

开始游戏：

(1)把晒干的黄豆装入一只薄壁的玻璃瓶中，约占全瓶容积的四分之三，加满水，并用软木塞塞紧。

(2)如果水被吸完了，拔出塞子，继续加满水，再把软木塞塞紧。过几天，玻璃瓶会突然炸裂，吸足水的黄豆"噼里啪啦"撒了一地。

游戏揭秘：

瓶子为什么会突然炸裂呢？原因是豆子吸水后体积不断膨胀，产生很大的压力，最终使玻璃瓶炸裂。

破壳而出的根

把鸡蛋壳当花盆，在里面种上几颗太阳花的种子，几天后，种子发芽生出来的根竟然穿透了鸡蛋壳。很有意思吧？让我们一起来试着在鸡蛋壳里种花吧！

必备材料：

太阳花种子，一只玻璃杯，泥土，水，半个鸡蛋壳。

开始游戏：

(1)把太阳花的种子放在玻璃杯里,往玻璃杯里加入一些水,让种子浸泡一段时间。

(2)往鸡蛋壳里加入一些泥土,把浸泡过的太阳花的种子种进去,并浇上一些水。

(3)把杯子里的水倒出来,把蛋壳放进杯里,放在阳光充足的地方,并保持蛋壳内泥土湿润。

(4)几天后,把蛋壳从杯子中取出来,你会发现蛋壳下面长出了细细的根。

游戏揭秘：

湿润的土壤、足够的空气和适宜的温度能够让太阳花的种子发芽并生出根来。由于植物的根的生长具有向地性,因此根会始终朝着地面生长,并最终从薄薄的鸡蛋壳中穿出来。

不会腐烂的黄瓜

新鲜的蔬菜水果,时间长了就会腐烂变质,黄瓜也一样。有个方法可以让黄瓜延迟腐烂时间。快来学一学吧。

必备材料：

一根黄瓜,盐,小勺,刀。

开始游戏：

(1)用刀切下一段黄瓜,把切下的黄瓜用勺子挖空。

(2)在挖空的地方加入食盐。

（3）把加盐的黄瓜切口朝上，与没有加盐的黄瓜放在一起。

（4）三天后，加盐的黄瓜里会流出来很多水，但并没有坏掉；而没加盐的黄瓜已经开始腐烂了。

游戏揭秘：

盐不但可以把黄瓜里的水分逼出来，使微生物失去生长繁殖的环境，而且高盐环境还可以抑制微生物本身的生长，所以加盐的黄瓜没有腐烂，而没加盐的黄瓜却烂掉了。

生长在瓶子里的大苹果

一个玻璃瓶里居然装进了个大苹果，你知道这个苹果是怎么进去的吗？

必备材料：

一个未成熟的小苹果，一个瓶口比较大的玻璃瓶，一根绳子。

开始游戏：

（1）到果园里挑选一个和瓶口差不多大的没成熟的小苹果。

（2）用瓶子小心地将苹果装起来。

（3）用绳子将瓶子拴在苹果树上，以保障苹果在瓶子里继续生长。

（4）等到苹果成熟的季节，你会发现，它已经在瓶子里长成了成熟的大苹果。

游戏揭秘：

将苹果放进瓶子里，其实就跟大棚里种植蔬菜的原理是一样的。只要苹果有充足的阳光、水分和氧气，就可以顺利成长。而且瓶子内部的空间比较大，足够苹果长大成熟的。

悬空生长的萝卜

萝卜不是长在泥土中,却是悬空生长,你会相信吗?

必备材料:

一根完好的带有绿色叶子的萝卜,一块布,一盆清水,一把小刀,几根牙签,一根线。

开始游戏:

(1)将布展开浸泡在水中。

(2)用小刀把萝卜横切成两半。

(3)把带叶的那一半萝卜放置在水盆里。

(4)将装有萝卜的水盆放置在有阳光的地方,并保持水盆里布的浸湿。

(5)等上几天,萝卜顶端发芽了,用小刀小心地在萝卜的切面挖一个小洞。

(6)将牙签穿入萝卜中,并用线将萝卜拴住,使发芽的一面向下。

(7)将萝卜挂在阳光照射得到的窗户前。

(8)定期给萝卜的洞里浇点水,以保持水分的充足。一段时间后,你就会发现,这个被吊起来的萝卜苗壮地生长了。仿若一盆萝卜的盆景,甚是好看!

游戏揭秘:

在游戏中,当萝卜被吊起来以后,下端就形成了天然的花盆,而这个花盆可以为萝卜盆景提供充足的营养,加上定期浇水,萝卜自然就可以苗壮成长了。

燃烧吧,核桃

香脆美味的核桃仁也许你会经常吃到,但你见过燃烧的核桃吗?

必备材料:

核桃,蜡烛,锤子,金属叉子。

开始游戏:

(1)用锤子将核桃砸出裂纹,然后将它在金属叉子的尖端固定。

(2)点燃蜡烛,将核桃放在火焰上,当核桃开始燃烧时将蜡烛吹灭。这时,核桃就持续燃烧起来。

游戏揭秘:

核桃中含有很多的油,所以它能够燃烧。当燃烧核桃时,真正燃烧的是核桃中的油,这些油足以烤熟一个香菇。

黄豆芽秒变绿豆芽

必备材料:

准备两个碟子,一块布,几十粒黄豆。

开始游戏:

(1)把黄豆放在一个碟子里,用湿布盖好,放在黑暗温暖处,并经常浇水,以使黄豆能得到充足的水分。

(2)几天后,黄豆发芽了,两片叶子都是黄色的。

(3)取一半豆芽放在另一个碟子里,不用布遮盖,放在阳光充足的地方,剩下的一半仍同以前一样,用布遮好不见光。

（4）两天后，在阳光照射下的一碟豆芽变绿了，另一碟豆芽仍然呈黄色。

游戏揭秘：

植物体内含有叶绿素、叶黄素、花青素等色素。什么色素占优势，植物就呈现相应的颜色。见不到光的豆芽体内叶黄素占优势，因此呈黄色；而放在阳光下的豆芽，在阳光照射下产生大量叶绿素，因而变绿了。

纸做的花也能绽放吗？

纸做的花也能绽放吗？不但能，而且你还可以看到绽放的整个过程，你相信吗？

必备材料：

一张平滑的纸，彩笔，一盆水。

开始游戏：

（1）将平滑的纸剪成一朵睡莲，用彩笔涂上颜色，然后把花瓣向里折叠。

（2）把这朵纸睡莲放入水中，你就可以看到花瓣以慢镜头的速度向外绽放的景象。

游戏揭秘：

纸的主要材料是植物纤维，它有极细的管道。通过分子间的相互吸引，水就会渗入这种所谓的毛细管中。纸开始膨胀，就像是凋谢的花朵放入水中那样，这朵纸做的睡莲的花瓣就会绽放开来。

拯救花儿的秘密武器

家里种的花儿如果生了虫害,叶子就会枯黄,有的叶片还会卷起来,还有的刚长出花苞就凋谢了。遇到这种情况该怎么办呢?怎么才能消除虫害,拯救花儿呢?

必备材料:

蒜,清水,喷壶,花卉。

开始游戏:

(1)将十几个蒜瓣捣烂,用清水浸泡二至三个小时,过滤后用喷壶将蒜水喷洒在有虫害的花卉上。

(2)此后每天早晚观察两次,你慢慢会发现叶片上虫卵成了干瘪的空壳,藏在土里的虫子也被逼出来了。大概半个月,所有的花卉都恢复了健康。

游戏揭秘:

蒜能杀虫卵、驱赶飞虫,由于它有浓烈的味道,不少害虫都会害怕。

可以吃的染色剂

人们身上穿的五颜六色的衣服都是用化学合成的染料染出来的。那么古代人是怎么给布匹染色的呢?据说用的是植物染色剂。植物也能染色?我们可以做个游戏,试着用洋葱皮来染色。

必备材料:

三个紫皮洋葱,一口不锈钢锅,两条白色的棉手绢,橡皮筋,20克明矾,滤网。

开始游戏:

(1)将三个洋葱的外皮剥下放入锅中,用大约 500 毫升的清水煮,沸腾 20 分钟后,水变成很浓的红茶色。

(2)然后把洋葱皮捞出来,将煮好的水用滤网滤几遍,除去杂质。

(3)将待染色的两条白手绢用橡皮筋在其中的一条手绢上扎几个结,另一条不用扎结。

(4)把这两条手绢放入红茶色水中煮上 15 分钟,但不能让水沸腾。瞧,手绢在慢慢变色。把刚染好的手帕拿到清水中冲洗,你会发现刚染上的颜色又褪去了。如果将染过色的手帕放在明矾溶液中,就不会褪色了。

游戏揭秘:

为什么用洋葱皮就能在布上染色呢?这是因为植物中含有各种色素,这些色素渗透到布的纤维中就可以染色了。染色后的手绢接触到明矾溶液,就能使纤维和色素牢牢地结合在一起不褪色。这就是用洋葱皮染色的秘密。

植物也有呼吸道?

我们是用鼻子和嘴呼吸的,植物是通过哪儿呼吸呢? 植物也有呼吸道吗?

必备材料:

一盆植物,凡士林。

开始游戏:

(1)在 3 片叶子的正面厚厚地涂一层凡士林,在另外 3 片叶子的背面也厚厚地涂一层凡士林,如果在叶子正、背面都涂上凡士林就无法比较了,必须分为只涂正面和只涂背面的。涂凡士林时,应该均匀地涂在叶子的整个表面。

(2)在10天中,每天要观察两片叶子之间有什么差异。10天之中,在正面涂凡士林的叶子没有什么变化,但在背面涂凡士林的叶子开始发蔫了。

游戏揭秘:

在植物的叶子背面,有着叫作"气孔"的呼吸道。正如我们用鼻子和嘴呼吸一样,植物是通过气孔呼吸的。在进行光合作用时,通过这些气孔,植物吸进必需的二氧化碳,呼出氧气。因此,在叶子背面涂上凡士林就会堵住气孔,使气体无法自由出入,叶子便蔫死了。因为叶子的正面没有气孔,所以在正面涂上凡士林,叶子也不会有什么变化。

苹果为什么会长出白毛?

你喜欢吃苹果吗?红红的苹果香甜可口,富含多种维生素。但苹果时间放久了,它的身上就会长出白毛。让我们一起去看个究竟吧!

必备材料:

一个新鲜的苹果,刀,两个盘子,一个瓷碗。

开始游戏:

(1)用刀把苹果对半切开,分别放入两个盘子内。

(2)把瓷碗罩在其中的一个盘子上。

(3)几天后,你会发现被瓷碗罩着的半个苹果已经长白毛,发霉了,而另一个盘子里的半个苹果则干掉了。

游戏揭秘:

瓷碗能抑制水分蒸发,使碗内的环境变得温暖而潮湿,而这种环境恰恰正是霉菌生长的温床。所以,霉菌会在被瓷碗罩住的苹果上迅速繁殖生长,最终使苹果成为一个"白毛怪"。

青霉素是从哪里来的?

青霉素是一种很常用的药,可是你知道青霉素是从什么物质中提取出来的吗？一起来做个小游戏,你就有答案了。

必备材料:

一个玻璃瓶,箔纸,金属线,水,一片面包。

开始游戏:

(1)将面包片挂在金属线上,放进玻璃瓶。

(2)在瓶内放一些水,这样可使面包受潮,但不能让水浸到面包片上。

(3)瓶口用箔纸盖好,使瓶子里保持潮湿。这样,霉菌将会在面包片上生长。将生长出的霉菌放在显微镜或放大镜下观察,你会发现它们有着很有趣的形状。

游戏揭秘:

我们知道,真菌孢子(包括霉菌孢子)存在于空气之中,它们掉在面包片上,当条件成熟时就成长为霉菌。长出一层霉菌大约需要几天的时间。霉菌有几种颜色,有一种蓝绿色的叫作青霉菌。从这种菌中就可提取青霉素了。

牵牛花为什么在白天"睡觉"

牵牛花,又叫喇叭花。每天凌晨四点左右,牵牛花就会开出或红或白或紫的漂亮花朵,就像一支支小喇叭。天亮了,小朋友们都起床了,可是,有一朵花却没有开放,这支小喇叭怎么还不广播呢?

必备材料:

一个不透光的黑纸袋,含苞待放的牵牛花,一根绳子。

开始游戏:

(1)晚上,把一朵含苞待放的牵牛花用黑纸袋套好,用绳子绑住袋口。

(2)第二天早晨,把黑纸袋揭掉。

(3)大约 5 分钟后,你就能看到牵牛花绽放的情景了。

游戏揭秘:

牵牛花通常在凌晨四点左右开放。当用不透光的黑纸袋把牵牛花套住后,牵牛花体内的生物钟会因其受到的干扰而改变,所以它会延迟到早晨揭开纸袋后才开放。

你能在叶子上画画吗?

在叶子上画画,这可真是特别呀!在这一特殊的画画过程中,画画用的工具也是与众不同的,你能想到吗?画画用的工具竟然是不透明胶带。这个过程到底是怎样的呢?让我们来一探究竟。

必备材料:

一株长着大叶子的室内植物,一卷不透明的宽胶带。

开始游戏:

(1)把不透明的宽胶带剪成几个三角形。

(2)把三角形的胶带粘到几片向阳的叶子上。

(3)一周后,小心地撕下叶子上的胶带。

(4)被胶带盖住的叶面部分的绿色变浅了。

游戏揭秘：

植物要依靠阳光进行光合作用,使叶片呈现绿色的叶绿素在此过程中形成。被不透明的胶带盖住的叶面部分见不到阳光,光合作用就无法进行,叶绿素也就无法生成,所以,这些部位叶子的颜色就变浅了。

不能发芽的种子

把种子放到醋中,它会生根发芽吗?

必备材料:

六粒大豆,两个玻璃杯,两块玻璃,一些食醋,一些清水。

开始游戏:

(1)将两个玻璃杯分别装上食醋和清水。

(2)分别往两个玻璃杯中放入三粒黄豆。

(3)把两个玻璃杯都静置在阳光充足的地方。

(4)几天后,再观察两个玻璃杯中的大豆,你会发现,水中的豆子已经发出了嫩芽,而醋中的豆子却没有一点变化。

游戏揭秘:

食醋是酸性物质,酸性物质对植物的种子萌芽具有抑制作用,所以放在食醋中的种子不会发芽。

不会变红的西红柿

如果要使西红柿自始至终都是青绿色的,该如何做呢?

必备材料：

一棵刚长出果实的西红柿植株，一个碗，一个装满开水的开水瓶。

开始游戏：

(1)在西红柿植株上挑一个绿色的西红柿，不要采摘下来。

(2)从开水瓶中倒一碗水。

(3)将挑中的西红柿在开水中浸泡三四分钟。

(4)等到果实成熟时，你会发现，这棵西红柿植株上其他果实都已经成熟变红了，唯有那个被开水浸泡过的西红柿仍是青绿色的。

游戏揭秘：

西红柿的果实之所以会从刚开始的青色变成成熟后的红色，是因为里面含有一种叫酵素的物质，它能产生乙烯，从而把西红柿催红。开水浸泡过的西红柿，里面的酵素被破坏了，没有了这个催发成熟的酵素，西红柿就不会变红，一直保持青绿色。

撑破"肚皮"的樱桃

你见过撑破"肚皮"的樱桃吗？是什么原因导致它这样的呢？

必备材料：

一些新鲜的红樱桃，一个水盆，一些清水。

开始游戏：

(1)将樱桃洗干净。

(2)在水盆中倒入一些清水，把樱桃浸泡在水盆中，盆中的水要没过樱桃。

(3)过一段时间后，水中浸泡的较为成熟的樱桃就会开裂。

游戏揭秘：

浸泡后的樱桃为什么会撑破"肚皮"？原来,水可以通过樱桃表皮细微的小孔进入到樱桃中,被樱桃吸收,但它本身所含的糖分不会流失掉,这样就增加了樱桃本身的压力,使自身破裂。

玩转迷宫的黄豆苗

关在鞋盒子里的黄豆苗居然会"走迷宫"！

必备材料：

三粒黄豆,一只有盖子的鞋盒,一个纸杯子,一些培植土,一把剪刀,一张厚纸板,一卷胶带。

开始游戏：

(1)将纸杯里装满培植土。

(2)把黄豆种子种在杯中的泥土里,并给泥土浇水,等待种子发芽(五至七天)。

(3)剪下两张厚纸片,纸片的大小要可以放入鞋盒。

(4)用胶带把厚纸片粘在鞋盒子里做成迷宫。

(5)用剪刀在盒盖的一端钻一个洞。

(6)当黄豆芽钻出土后,将纸杯放在纸盒子里的一端。

(7)盖上鞋盒盖,使盖子上的洞在纸杯相反的一侧。

(8)每天打开鞋盒盖,观察黄豆芽的生长情况,如果泥土变干了,就要浇一些水。过一阵,你就会发现,黄豆的茎会在盒子里绕过厚纸片弯曲生长,并且会从鞋盒盖上的洞里伸出来。

游戏揭秘：

植物都具有趋光性,会朝着有光的方向生长。在植物茎的背光一侧,植物生长素会在这里聚集，从而使植物的细胞生长变快，所以，茎就会朝着有光的方向弯曲。

会变色的花儿

每一朵花都有属于自己的颜色，你见过一朵花会开不同的颜色吗？

必备材料：

粉红色的康乃馨若干朵，红色的喇叭花一朵，醋水，盐水，糖水，清水，肥皂水。

开始游戏：

（1）把四朵粉红色的康乃馨分别插在醋水、盐水、糖水和清水中。过一会儿，你会发现，插在醋水中的花明显变红了。大约两小时后，插在醋水中的花朵变成了深红色，而其余三种水中的花朵颜色基本上没有变化。

（2）配制几种不同浓度的醋水，分别插入一朵粉红色的康乃馨，结果醋水的浓度越高，花的颜色就越深，插在最浓醋水中的康乃馨已经变成了一朵大红花。

（3）再将一朵红色的喇叭花插在肥皂水中，不一会儿，喇叭花的颜色变成了蓝色；把这个蓝色的喇叭花再放到一杯醋水中，不一会儿，它竟然奇迹般地变回到红色。

游戏揭秘：

在花瓣中，有一种叫"花青素"的色素，当它遇到酸性物质时会变成红色，这就是花儿遇到醋水为什么会变成红色的原因。花青素遇到碱性物质时会变成蓝色，所以喇叭花在碱性的肥皂水中会变成蓝色。

长胖的葡萄干

你知道怎样使干瘪的葡萄干变胖吗？

必备材料：

几粒葡萄干，一个玻璃杯，一些清水。

开始游戏：

(1)在玻璃杯中装些清水。

(2)将葡萄干放进玻璃杯中。

(3)静置一个晚上后再观察杯中的葡萄干，你会发现，葡萄干膨胀变软了，且外皮变得很光滑。

游戏揭秘：

在渗透的过程中，水分子会通过植物的细胞膜，从溶液浓度小的一侧向溶液浓度大的一侧移动。干瘪的葡萄干里水分很少，所以它们的溶液浓度大，因此杯子里的水就会穿过葡萄干的细胞膜进入葡萄干的细胞中。当葡萄干的细胞中充满水分时，葡萄干就会膨胀变软，外表也变得光滑起来。

西瓜熟了吗？

不切开，不试吃，你能判断出西瓜的生熟吗？

必备材料：

两个新鲜的西瓜，两个一样大小的盆，一些水。

开始游戏：

(1)将两个盆都装满水。

（2）把两个西瓜分别放在两个盆中。

（3）仔细观察两个在水中的西瓜，看哪一个浮得高些，哪一个浮得低些。待品尝后，你会发现，浮得高些的会熟一些，浮得低些的则会生一些。

游戏揭秘：

西瓜成熟程度不一样，其密度也会不一样。西瓜生长到一定程度时，它的重量就不会再增加了，但它会继续涨大，密度也就会变得越来越小。所以，成熟度高的西瓜会比成熟度低的西瓜在水中浮得高一些。

芹菜为何会变甜？

浸泡在糖水中的芹菜怎么就变甜了呢？这是什么原理呢？

必备材料：

两根带有叶子的新鲜芹菜，两个细长的玻璃杯，一把 15 毫升的汤匙，一些白砂糖。

开始游戏：

（1）在两个玻璃杯中分别倒入半杯水。

（2）在其中一个玻璃杯中放入四汤匙的白砂糖。

（3）分别在两个玻璃杯中插入一根芹菜。

（4）静置两天后，从两根芹菜上分别摘下一片叶子放进嘴中尝尝。你会发现，插在糖水中的芹菜味道甜甜的，而插在清水中的芹菜却没有甜味。

游戏揭秘：

水分是通过植物茎部里的导管向上输送的。溶解在水中的小颗粒物质也可以由茎输送到叶片。所以，插在糖水中的芹菜的叶子尝起来会是甜的。

半截小葱的生长日记

在阴暗的环境中，一根被截断的葱会怎样生长呢？

必备材料：

两根葱，一些泥土，一些水，一个玻璃杯，一把尺子，一支水性笔。

开始游戏：

(1)将两根葱从葱头至葱白部分切下15厘米的段。

(2)在玻璃杯中装一些土，占到杯子容积的2/3，并用水把土淋湿。

(3)用笔的末端在泥土中插两个3厘米深的洞，洞的大小要能让葱放进去。

(4)将葱的根向下插进洞中，并将周围的土压实，让葱挺立。

(5)把玻璃杯放在室内远离窗户的阴暗处。

(6)在葱的顶端用笔做个记号。

(7)每天都在葱的顶端用笔做记号，连续两周后，你会发现，两根葱虽然生长速度不同，但它们都长得又长又细，长度都达到了30厘米左右。

游戏揭秘：

植物的生长离不开水、养分和阳光这三个要素，缺少任何一个要素，都会影响到植物的生长。当光照不足时，植物就会长得高而细。许多种植在花坛里的植物，茎都会很长，就是因为这样能得到更多的阳光。茂密森林中的树木又细又高，也是为了得到更多的阳光。在这个游戏中，葱为了获取阳光，会长得又细又长。

最后一个受冻者

你知道叶子的大小会影响到它的冻结程度吗？同时放入冰箱中的生菜与大葱,生菜比大葱先冻结。这是为什么呢?

必备材料:

一根大葱,一棵生菜,一张干纸巾,一台冰箱。

开始游戏:

(1)在冰箱的冷冻室里铺上纸巾。

(2)在纸巾上从左至右依次放上大葱、生菜,然后关上冰箱冷冻室的门。

(3)每隔两分钟打开冷冻室的门,看看哪个会先冻结起来。你会发现,生菜会先冻结起来,而大葱则需要很长的时间才会冻结。

游戏揭秘:

游戏中,出现这种结果的原因有很多。其中一个主要原因是:叶子的表面积越大的蔬菜,热量散失得也越快,所以就会更快地冻结。

擅长在水里跳舞的葡萄

有时我们把葡萄放到水中,它会在水中跳动起来,你知道这是为什么吗?

必备材料:

几颗葡萄,一个透明的玻璃杯,一瓶含有二氧化碳气体的纯净水。

开始游戏：

(1)将玻璃杯装满含有二氧化碳气体的纯净水中。

(2)把葡萄慢慢地放进杯中。仔细观察,你会发现,葡萄进入水杯后,先是沉入杯底,然后神奇地上下跳动起来,就好像在跳舞。

游戏揭秘：

当纯净水倒入玻璃杯后,里面的二氧化碳气体被释放出来,它释放出许多小气泡,这些小气泡包裹住葡萄,使得葡萄向上浮动,但等达到一定高度后,小气泡就会破裂,葡萄便再跌落杯底,如此可以反复好几次。

滴"血"的伤心花

传说中有位美丽的姑娘,因拒绝了恶魔的求爱,受到他的诅咒,变成了一朵花。从此以后,当人们不小心割破它的茎时,就可以看见姑娘在伤心地淌血。这种传说中的花,我们也可以做出来,你相信吗?

必备材料：

数朵草本类淡色花,一瓶红墨水,一把小刀。

开始游戏：

(1)将花茎插到红墨水中,约一两天的时间,直至花朵变色,花茎不再滴水为止。

(2)用小刀切去一小截花茎;没多久,便可以从茎的切口上看见点点滴下的"血"滴。

游戏揭秘：

滴血的花是利用植物的毛细现象这一原理制作而成的,因此,实验时必须将花茎插在红墨水中浸泡一两天,让茎充分地吸收红墨水。当切开在墨水中浸泡过的花茎时,鲜红的红墨水便宛若血液般滴落下来。

第七章

博弈的力与波

两个大苹果为什么会发生碰撞？

羡慕功夫高深的气功大师吗？不用身体接触，发功运气就能使静止的东西动起来。现在教你一个绝招，你也可以不动手就让两个苹果发生碰撞。

必备材料：

两根细绳，两个一样大的苹果，一个吊架。

开始游戏：

(1)用两根细绳分别将两个苹果悬挂起来，距离不要太远，但也不要靠得太近。

(2)在两个苹果之间用力吹气，你会看到，苹果会动起来并且发生碰撞。

游戏揭秘：

生活中所有的物体都被空气包围着，空气有一定的重量并占据着一定的空间。两个苹果间的空气被吹走后，此处气压会在短时间内降低，与苹果外侧的空气产生压力差，从而挤压苹果，使它们发生碰撞。

水面漂浮的针

针是由铁做的，针能漂浮在水面上，是不是很神奇呢？

必备材料：

一个脸盆，一根针，肥皂水。

开始游戏：

(1)往脸盆里倒满水，待水面平静。

（2）将针轻置于水面中央处观察,你会发现针居然漂浮在水面上。

（3）慢慢滴入肥皂水,针立刻沉入水中。

游戏揭秘:

针之所以能漂浮在水面上,是因为水具有表面张力,从而托住了针。然而加入同为液体的肥皂水后,破坏了水的表面张力,所以针会立刻下沉。

做一个不倒翁

可爱的不倒翁,大家都喜欢吧? 本游戏中,我们会教大家做一个不倒翁。游戏结束后,你就会明白不倒翁总也不倒的原因了。

必备材料:

带针头的注射器,锥子,蜡烛屑,生鸡蛋,笔,一盆热水,胶带。

开始游戏:

（1）用锥子在鸡蛋的小头那端戳一个小洞。

（2）用注射器把鸡蛋里的蛋黄和蛋清吸出来,再用清水洗干净,晾干。

（3）往蛋壳里装进一些蜡烛屑,用胶带将小洞封上。

（4）把密封的蛋壳放到热水里。

（5）大约半个小时,等里面的蜡烛屑全部熔化后,将蛋壳取出竖直放置（大头向下）并冷却。

（6）在蛋壳上描上不倒翁的形象,一个可爱的不倒翁就做好了。

游戏揭秘:

你知道吗? 不倒翁是依靠固定在底部的重物来保持平衡的。我们在不倒翁里面装了蜡烛屑,蜡烛屑熔化后冷却凝结在蛋壳底,而不倒翁的重心也就随之转移到了蛋壳底,所以,不倒翁就总能恢复平衡了。

倒转杯子为何水不流出来？

把装满水的杯子倒转，里面的水竟然流不出来。这是不可思议的！如果你不相信，那就亲自试验一下吧。

必备材料：

一只玻璃杯，一把剪刀，水，一张卡片。

开始游戏：

(1)用剪刀在卡片上剪下一个圆片，它的大小必须能盖住杯口。

(2)在杯子里面装满水。

(3)右手拿着杯子，左手拿圆形的卡片压住杯口。

(4)迅速地把杯子倒转过来，并轻轻松开左手，你会发现杯子里的水并不会流下来。

游戏揭秘：

把装满水的杯子倒过来后，卡片下方受到向上的大气压力，而这个向上的压力要大于杯中水的重量。所以，虽然杯子被倒过来了，但杯子里面的水并不会流下来。

到底是谁跳得高？

这个游戏随时都可以做。

必备材料：

一个实心皮球，一支圆珠笔。

开始游戏:

(1)把笔插进球里,要插得足够深,但也不要把整个笔头插进去,手拿笔时球不会掉下来就可以了。

(2)一手拿笔,手臂伸直,插着球的一面朝下,准备好了,松手。看哪样东西跳得高,是球,还是笔?

(3)球着地后,笔"砰"的一声像射箭那样从球里弹出来。如果在屋子里做这个游戏,笔可能会一直弹到天花板上。相反,球根本不跳,或者比平时跳得低得多。

游戏揭秘:

为什么会出现这种情况呢? 在通常情况下,从100厘米高的距离落下的球可以弹跳到90厘米的高度,仅仅失去很小一部分动能。但是把笔插进球里,球着地时不仅影响到球,也会影响到笔。如果没有笔,球落地时的动能会使球弹跳起来;插上一支笔,球的一部分动能就转移到笔上了,笔就会弹得很高。由于笔的质量比球小得多,同样的动能,可以使笔弹起的高度是球的很多倍,所以球是无法跳到笔那么高的。

鸡蛋压不破

我们都知道,鸡蛋是很脆弱的,一不小心就会把它碰碎。如果说,鸡蛋压不破,你相信吗?

必备材料:

四只鸡蛋,一块小木板,几本厚书,一大团橡皮泥。

开始游戏:

(1)把橡皮泥分成四个小团,分别粘在地面上,在每个小团橡皮泥上直立一只鸡蛋。

（2）在四只直立的鸡蛋上放一块小木板，然后在小木板上摆上几本厚书，很有意思，鸡蛋居然不会被压破。

游戏揭秘：

如果把生鸡蛋横放，一压就破了；如果把它直立起来，就不容易破了。这是因为，相同材料的强度大小，取决于形状的不同。这就像把一个火柴盒平放和直立起来，两者所能承受的重量也不相同一样，直立的火柴盒能承受更大的重量。

乒乓球为什么跳不出漏斗呢？

奇怪，这个乒乓球好好的，没有任何裂缝，怎么就跳不出漏斗呢？无论你怎么使劲吹，它就是待在漏斗里不肯出来。

必备材料：

一只乒乓球，一个漏斗。

开始游戏：

（1）检查一下漏斗和乒乓球，确保它们完好无损。

（2）把乒乓球放在漏斗里，口朝上使劲往漏斗里吹气。

（3）真奇怪，乒乓球总是待在漏斗里，怎么吹它也不肯出来。

游戏揭秘：

当你使劲往漏斗里吹气时，气流会不断地绕着乒乓球往上涌，使乒乓球下方的大气压比上方的大气压小，而且气体流速越快，气压越小，所以乒乓球上边的大气压力会把乒乓球死死地困在漏斗里。

鸭蛋为什么会浮到水面上？

一个鸭蛋，当你把它放入水中后，它会立刻沉入水底。可是，过了一会儿，它竟然慢慢浮到了水面上，这是怎么回事呢？

必备材料：

一个生鸭蛋，盐，一只玻璃杯，水，小勺。

开始游戏：

（1）往玻璃杯里倒大半杯水，然后把鸭蛋放入杯中，你会看到鸭蛋立刻沉入了水底。

（2）往水中加一勺盐，搅拌均匀，结果鸭蛋会慢慢向上浮。

（3）往水中再加两勺盐，搅拌均匀。最后，鸭蛋浮到了水面。

游戏揭秘：

鸭蛋的沉浮与所处水溶液的密度大小有关。因为浮力的大小和液体的密度成正比，当水中加入盐后，水溶液的密度增大，浮力随之增大，所以鸭蛋浮了起来。

如何顺利地吃到熟鸡蛋？

一枚煮熟的鸡蛋和一枚生鸡蛋混在一起了，不打破蛋壳，你能顺利地吃到熟鸡蛋吗？

必备材料：

两枚鸡蛋（一枚生，一枚熟），桌子。

开始游戏：

（1）把两个鸡蛋分别放在桌面上向着同一个方向旋转。

（2）旋转时，那个晃动而且转速较慢的就是生鸡蛋，那个像陀螺一样稳稳地转好几圈的就是熟鸡蛋。

游戏揭秘：

煮熟的蛋是固体，转起来容易些。生蛋里面是液体，转动时，蛋壳中的液体转得不如蛋壳快，在蛋壳内壁和蛋清表面之间形成一个阻力，使得鸡蛋晃动起来，旋转的速度也就慢一些。

熟鸡蛋里面的蛋黄、蛋白都凝成了固体，能和蛋壳一起旋转，因此它能转得又稳又快。

如何把纸抽出来？

被装满水的杯子压住的硬纸，你能想办法把它抽出来吗？

必备材料：

一个装满水的杯子，一张 A4 硬纸。

开始游戏：

（1）用水杯将硬纸压在桌上。

（2）首先慢慢地抽纸，你会发现只能将纸和杯子一起向前拉动，纸却抽不出来。

（3）快速地抽动纸，你会发现纸已经被抽出，桌子上的水杯也不会掉下来。

游戏揭秘：

这是由于惯性的作用，使得杯子仍然待在原地不动。让杯子移动靠的是纸和杯子之间的摩擦力，它让杯子有一个加速度可以改变静止的状态开始运动。这个摩擦力是由杯子的质量和下面的摩擦系数决定的，有一个最大值，也就是说，能够提供的加速度也有限。当快速拉纸的时候，产生的加速度就大过了摩擦力能提供的加速度,杯子就不能和纸一起运动了。

怎么都弄不破的面巾纸

必备材料:

一张面巾纸或者薄而软的餐巾纸,一个硬纸做的圆筒(如装羽毛球或蜡纸的圆纸筒),一根橡皮筋,一根棍子,一些沙子(用盐代替也可以)。

开始游戏:

(1)用面巾纸包住圆纸筒的一头,用橡皮筋把纸固定。

(2)往圆筒中倒入沙子达 8 厘米左右。现在一切准备好了,一手握圆纸筒,另一手握住棍子,把棍子插入装沙子的圆筒里,然后使劲,你会发现封在另一头的面巾纸并没有破。

游戏揭秘:

这是因为你用在棍子上的力没有全部传到面巾纸上去。由于沙粒之间有许许多多微小的空隙,当你把棍子往沙里捅时,沙粒彼此相互碰撞,把力传到了其他方向。沙子受到了一部分作用力,并把剩余部分的力分散开来,这样力就被分散到整个圆筒的各个表面,只有很小一部分的力到达面巾纸上。因此你使多大的劲,也无法用棍子把薄纸弄穿。

木块的重量跑哪去了?

木头有重量,一个小木块当然也有重量。在游戏中,一杯水在没加小木块和加了小木块的不同条件下,称出来的重量是一样的,那么,木块的重量跑到哪儿去了呢?

必备材料:

一个杯子,一个脸盆,一个天平,一个小木块。

开始游戏:

(1)往杯子里倒水,至刚满没溢出。

(2)把倒满水的杯子放到天平上称一下重量,记在纸上。

(3)把这杯水从天平上拿下来,放到脸盆里。

(4)轻轻地把小木块放到水杯里。

(5)拿起放有小木块的水杯,用毛巾将杯子外面擦干。

(6)把水杯放到天平上称一下重量,记在纸上。

(7)比较两次称量的结果,你会发现,两次的重量是一样的。

游戏揭秘:

小木块不是没有重量,而是这部分重量以等重量的水排出去了。当小木块被放到水杯里时,水杯里有一部分水被排到了脸盆里,而且被排出来的这部分水的重量恰好等于放进去的小木块的重量。所以,两次称重的结果是一样的。

乖巧的"如意罐"

把一个罐子滚出去后,过一会儿它又自动滚回你脚边了,你想要一个这样的"如意罐"吗?

必备材料:

一个茶叶罐,一根皮筋,螺母。

开始游戏:

(1)在茶叶罐的盖和底各凿两个孔,两孔相距 1 至 2 厘米,穿一根皮筋,以"8"字形把皮筋穿过 4 个孔。

（2）把皮筋的两端结在一起。将螺母系在皮筋中央。这样，如意罐就做成了。把如意罐放在硬实、光滑的水平面上向前滚动，观察它滚动的情况。

（3）如意罐滚出一段距离后，就会向回滚。

游戏揭秘：

如意罐为什么能够这么"如意"呢？当你滚动如意罐时，系在皮筋中央的重物使皮筋发生扭曲。你最初推得越用力，皮筋就变形得越厉害，由此得到的弹性势能也越大。当推动罐子使它滚动的能量用完之后，罐子停止滚动。由弹性变形产生的势能便释放出来，罐子就滚回你身边。这时，势能转化成动能。当皮筋松开时势能就消耗完了，罐子便停止了转动。

书本堆高不会倒的原因是什么？

我们把书一本一本摞起来，即使最上方的书比最下方的书伸出了很多，这摞书也不会倒。

必备材料：

八本一模一样的书。

开始游戏：

（1）准备好八本新书，将它们一本一本摞好。

（2）使最上方的书本比它下面的书本伸出半个书本的长度，接着，使从上往下数的第二本书比第三本书伸出 1/4 的长度。

（3）依次类推，从上往下数第三本书比第四本书多出 1/6 的长度，使得上方的书本比下方的书本接着多出 1/8、1/10、1/12、1/14 的长度。到最后，最上方的书会比最下方的书多出一本书的长度（实际操作可能会有一些误差）。

游戏揭秘：

最上面的书本之所以能比最下方的书本多出一本书的长度，是因为，经过这堆书本整体的重力线与地面的交点在最下方书本的内侧。如果这个交点位于外侧，在重力作用下，这摞书会倒下。

蛋壳为何一会儿坚硬一会儿脆弱？

必备材料：

一个生鸡蛋。

游戏开始：

(1)用整个手掌用力握住鸡蛋，观察鸡蛋的完整情况。

(2)用两根手指捏住鸡蛋，同样使劲。

(3)整只手使劲都弄不破的鸡蛋，居然在两根手指的作用下破掉了。

游戏揭秘：

鸡蛋本身属于"薄壳结构"，其实是能承受很大压力的。除此之外，整只手都握住鸡蛋，就增加了鸡蛋表面的受力面积，而受力面积一旦增大，鸡蛋所受的压力就会减少，自然就难以握碎。而当你用手指去捏鸡蛋的时候，受力面积就集中在手指接触的那一小部分，巨大的压力全部集中在两处，鸡蛋当然不能承受了。

鸡蛋"冲浪"是怎么回事？

这里的鸡蛋怎么那么活泼呀，竟然会蹦跳？

必备材料：

一个生鸡蛋，一杯水，水龙头。

开始游戏：

（1）把一个生鸡蛋放进一杯水里，蛋沉到底。

（2）现在将水杯移到自来水龙头下，旋开龙头，使水哗哗冲下，你会发现鸡蛋并不会受到什么影响。

（3）但如果继续开大水量，当水流量达到一定程度时，鸡蛋就会一跃而上，简直像在做冲浪运动。

游戏揭秘：

鸡蛋上、下的水流速度不一样，这使鸡蛋上、下所受的水压也不一样。一般而言，水中流速快的地方水压小，流速慢的地方水压大。当这种压力差增大到一定程度时，下面的水压就把鸡蛋托上来了。

你能制作出方形的鸡蛋吗？

鸡蛋都是椭圆形的，怎么能制出方形蛋呢？ 这是不是天方夜谭？

必备材料：

一个鸡蛋，水，锅，一沓纸巾，一个小方盒，花生油，冰箱。

开始游戏：

（1）把一个鸡蛋放入凉水中，加热，把水烧开后再煮10分钟。

（2）取出鸡蛋，用一沓纸巾包住，以免烫手，然后小心地把鸡蛋壳一点一点地剥掉，有碎屑时应放在热水里冲洗，让鸡蛋一直很热。

（3）在一个小方盒里面涂上一层花生油。轻轻把鸡蛋推进小盒中，鸡蛋就会占满整个盒子。盖上盒盖，放入冰箱中冷却半小时，一个方形鸡蛋就造了出来了。这个游戏成功的关键是盒子要比鸡蛋略小。

游戏揭秘：

鸡蛋白主要是由水和蛋白质组成的，它们就像连在纱线上的小球。

因加热 10 分钟,能使鸡蛋白保持一定的温度及柔软的状态,它的形态可以适当改变,所以利用小方盒可使冷却后的鸡蛋变了形状。

装满水的纸盒为什么会自动旋转呢?

装满水的纸盒为什么会自动旋转呢? 做个游戏看一看这个有趣的现象吧。

必备材料:

准备一个牛奶纸盒,钉子,60 厘米长的绳子,水。

开始游戏:

(1)用钉子在空牛奶盒上扎五个孔:一个孔在纸盒顶部的中间,另外四个孔在纸盒四个侧面的左下角。

(2)将一根大约 60 厘米长的绳子系在顶部的孔上。

(3)打开纸盒口,快速地将纸盒灌满水;用手提起纸盒顶部的绳子,纸盒就会顺时针旋转。

游戏揭秘:

水流产生大小相等而方向相反的力,纸盒的四个角均受到这个推力。由于这个力作用在纸盒每个侧面的左下角,所以纸盒按顺时针方向旋转。

肥皂水为什么不能吹泡泡了?

加了醋的肥皂水为什么就不能吹泡泡了呢?

必备材料:

一杯肥皂水,一根吸管,醋。

开始游戏：

（1）先用吸管吹肥皂水，你会很轻松地吹起了许多肥皂泡。

（2）在肥皂水中滴入少许的醋，用吸管搅拌均匀。

（3）再用吸管吹，你会发现无论如何用力吹，肥皂水就是不起泡泡。

游戏揭秘：

肥皂水和水一样，也具有表面张力，故能吹起球状泡沫，但是，在肥皂水中滴入醋，肥皂水中的高级脂肪酸便被分解，所以就吹不出泡泡了。

毛巾拉不开了，怎么回事？

这两条毛巾既没有打结，也没有缝在一起，可就是拉不开。这是为什么呢？

必备材料：

两条润湿的小毛巾。

开始游戏：

（1）将两条小毛巾平放在桌子上，边缘处重合两厘米左右。

（2）用力将重叠的部分折成一处一处的褶皱，使得毛巾看起来像手风琴一样。

（3）用两根手指按住这些褶皱，让你的朋友双手扯住毛巾的两端，但是无论对方怎么用力，就是拉不开。

游戏揭秘：

两条湿润的小毛巾的重叠处被折成像手风琴一样的褶皱，虽然只用两个手指按住，但却压住了所有的接触点，使得摩擦力增大，所以两条毛巾就拉不开了。

如何运送"巨石"？

我们用很简单的道具，再现运输"巨石"秘密的真相。

必备材料：

弹簧，几支圆形铅笔，木块，直尺，纸。

开始游戏：

(1)用弹簧匀速拉动放在水平桌面上的木块，用直尺测量弹簧的长度并记录下来。

(2)将准备好的圆形铅笔整齐地排列好，把木块放在这些铅笔上。

(3)再用弹簧匀速拉动放在铅笔上的木块，并用直尺测量弹簧的长度并记录下来。

(4)你会发现，下面垫了圆形铅笔后比直接拉动木块省力得多。

游戏揭秘：

物体间互相接触产生相对运动，就会产生摩擦力，接触面越粗糙，摩擦力就会越大。在相同的条件下，质量越大的物体产生的摩擦力也越大。当木块下面垫上铅笔后，接触面变小，滚动摩擦产生的摩擦力，比木块摩擦力要小，因此容易拉动。

轻重不一样的东西会同时落地吗？

有轻重两个物体从同一高度坠落，你肯定认为重的东西先落地，但事实真是如此吗？

必备材料：

一张纸，一本面积比纸大的书。

开始游戏：

（1）一只手拿纸，另一只手拿书。两只手停在同一高度。

（2）两只手同时松开，观察纸和书下落的情形。你会发现书先落地。

（3）把纸放在书上，纸的边缘不要越过书的边缘。

（4）把书放在齐腰的地方，然后松开手，观察纸张和书本下落的情形。你会发现书和纸同时落地。

游戏揭秘：

当书和纸分别松开的时候，由于书的重力比空气阻力大，所以空气阻力对书的下落速度没有太大影响，书会很快就落地；而纸的重力与空气阻力相当，所以纸会慢慢落下。当纸放在书上时，空气阻力是一样的，所以书和纸会同时落地。

一张纸能举起一本书

一张纸能举起一本书，听起来是不是很奇怪？下面我们就来做这个游戏。

必备材料：

一张纸，一本书，胶带。

开始游戏：

（1）把纸卷成一个纸卷，用胶带粘好纸的边缘处。

（2）把纸卷立起来，并在上面放一本书，书很神奇地稳稳地被纸卷托住了。

游戏揭秘：

一张纸能承受多大的压力,主要取决于纸张受力时的弯矩。弯矩即纸张的受力点和受作用力的点之间的距离。弯矩越大,纸张能承受的力越大,反之则越小。直接把重物放在纸上,则纸的受力点和受作用力点几乎在同一位置,因此弯矩小,所承受的力就小。把重物放在竖直的纸卷上,纸的弯矩较大,因此能承受较大的力。

高空杂技的技巧

必备材料：

一支铅笔,一块硬纸板,一根细绳,一个玻璃球,一把剪刀,一卷胶带。

开始游戏：

(1)在硬纸板上画一个 X 形的"小人",然后把它剪下来。

(2)在"小人"的反面用胶带粘上玻璃球。

(3)拴一根细绳,注意要一边高一边低,并且用手把绳子拉紧。

(4)把"小人"放在细绳上面轻轻一碰,"小人"就向前滑行了。

游戏揭秘：

一个物体的平衡取决于其重心的位置,只有掌握好中心,才能保持平衡。杂技演员就是利用这一原理,始终保持身体重心在钢丝正上方,也只有这样,杂技演员才能在钢丝上做出高难度动作而不掉下来。

让水鼓起来

平时你仔细观察过水吗？水有哪些特性,你了解吗？一个杯子里注满水后,水面还能鼓起来。这可是从游戏中得出的结论。不信,你也试试!

必备材料:

玻璃杯,清水,一些曲别针。

开始游戏:

(1)往杯子里注水,直到把杯子倒满,保持水不会溢出来。注意不要让杯子外沿沾上水。

(2)小心地将曲别针一枚一枚地放到水杯里。

(3)慢慢地,你会发现,水面向上鼓起来了,高出了杯口却不溢出来。

游戏揭秘:

水由水分子组成,水的表面有一股收缩、拉紧水分子的力,叫作水的表面张力。放入曲别针后,水面鼓起,但是表面张力使水分子仍紧紧地拉在一起,所以,即使水面鼓了起来,水还是没有溢出来。

小拇指可以撬起重物

你是不是觉得小拇指是最没力量的?下面的游戏能让你有意外的惊喜。

必备材料:

四本书,两支铅笔。

开始游戏:

(1)把四本书叠放起来。

(2)将你的小拇指放在这叠书的底部边缘,试着撬动这叠书。

(3)把一支铅笔放在这叠书的底部边缘。

(4)把另一支铅笔伸进这叠书下,和第一支铅笔垂直。

(5)用小指下压第二支铅笔的尾端,你会发现自己可以把这叠书撬起来。

游戏揭秘：

单用小指很难撬动一叠书，但是借用铅笔以后就容易多了。在这个游戏中，两支铅笔组成了一个杠杆。两支铅笔交叉的点相当于支点，而小指到支点的那一段就相当于力臂。当你向下压的点离支点越远，也就是力臂越长时，举起另一端的物品就越轻松。

为什么运动员要穿钉鞋跑步呢?

为什么运动员要穿钉鞋跑步呢？穿钉鞋跑步有什么优势？

必备材料：

钉鞋，普通球鞋。

开始游戏：

(1)穿上普通球鞋在塑胶跑道上奔跑一段距离。

(2)穿上钉鞋在塑胶跑道上奔跑同样一段距离。

(3)自己感觉，穿上钉鞋后的奔跑速度和力量明显更强。

游戏揭秘：

塑胶跑道比普通跑道更有弹性，穿上钉鞋以后，增大了跑步时的抓地力，在蹬地时钉子就会扎进跑道，等抬腿迈步时，钉子又能很容易拔出来。这样，脚踏地时不再打滑，借助蹬地的反作用力可以蓄积更大的力量，很容易跑得更快或跳得更远。而普通球鞋的鞋底摩擦力较小，容易打滑，重心不稳，更重要的是蹬地的力量小，与钉鞋相比，它的作用是不够的。

一把锋利的菜刀切不坏纸?

一把锋利的菜刀切不坏纸,你感到稀奇吗? 那就来做下面的游戏吧!

必备材料:

一张 A4 纸,一把菜刀,一个茄子。

开始游戏:

(1)把 A4 纸对折,把菜刀夹在纸中间,刀刃对着纸张的对折线。

(2)用 A4 纸包着的菜刀切茄子,发现茄子很快被切开,但是 A4 纸却完好无损。

游戏揭秘:

纸随着刀刃切菜的时候,菜本身会对刀刃有一个反压力,而夹在中间的纸受到菜刀的压力和菜的反压力,两种力相互平衡,抵消掉了,因此纸不会被切坏。

三个人抵不过一个人?

这个是四个小朋友一起玩的游戏哦!

必备材料:

一根长棍,一张纸。

开始游戏:

(1)找一根长棍,再用纸做一个靶子放在地上。

(2)三人抬着棍子,使一端对准纸靶子,保持 50 厘米的距离。

(3)剩余的一个人趴在地上,手掌对着棍子的下方。

(4)现在各就各位:手握棍子的三个人齐心协力直捣靶心;趴在地上

的那个人在其他三人使劲时,把棍子轻轻往旁边推。

(5)最后谁赢了呢,是握棍子的那三个人吗? 不是。他们三个人不管怎么使劲,也抵不过趴在地上的那个人,劲用得再大也无法使棍子头碰到靶子。

游戏揭秘:

不同方向的力各自起着不同的作用。把棍子往旁边推的力和把棍子往下捣的力是相互独立的。趴在地上的人用的力的方向与其他三个人用的力的方向并非相反,也不在同一条直线上,所以他只要轻轻地一推就能使棍子远离目标。而其他三人使多大的劲,也无法达到目标。

你能站起来吗?

如果让你自己做某种姿势,你可能站不起来,相信吗? 不信你来做做看!

必备材料:

一把不带扶手的直背椅。

开始游戏:

(1)放好直背椅。

(2)身体坐直,背靠椅背,双脚平放在地上,两臂交叉放在胸前。

(3)保持这种姿势,你会发现自己站不起来。

游戏揭秘:

人坐着的时候,身体的重心在脊椎的下方,如果想保持上身直立而从椅子上站起来,你必须把身体重心移到小腿以上。人从椅子上起立的那一瞬间,必须克服体重的巨大阻力才能站起来,在重心没有前移的情况下,人的大腿肌肉没有这么大的力量做到这一点。因此,人就像粘到椅子上一样,无法站起来。

第八章

神秘的分子与化学

你也可以写"密信"

这个游戏真是妙趣横生,只需要短短几分钟,你就可以自己制作在电影里见过的密写墨水。用它给你的朋友写封"密信",会让他感到多么惊奇啊!

必备材料:

柠檬汁(可以用洋葱汁,牛奶代替),钢笔,台灯,蜡烛,信纸。

开始游戏:

(1)将柠檬或洋葱榨成汁,装到小容器里,然后用钢笔蘸一下,就可以写"密信"了。

(2)写信时最好在纸的左侧放一盏灯,从右侧看你写的字,会感到好写一些。等柠檬汁干了,信上的字迹就消失了,成了名副其实的"密信"。想要读信时,只要把那张纸拿到蜡烛火焰上烘一下,就能慢慢地看到你写的字了。

游戏揭秘:

为什么密信上的字最初肉眼看不到,等烤热了才能看见呢?这是由于加热时,柠檬汁中的某些无色物质与空气里的氧气发生反应,生成了深褐色的新物质,所以字迹才又显现出来。

大米粥烧焦了为何会是黑色的?

我们都知道大米是白色的,可是大米粥烧焦了为什么会是黑色的呢?

必备材料：

铁瓶盖一个，钳子一把，面粉，蜡烛，火柴。

游戏开始：

(1)在铁瓶盖中放入少量的面粉。

(2)点燃蜡烛，用钳子夹住瓶盖，放在蜡烛的外焰上加热。

(3)一段时间后，瓶盖里的白色面粉变成了黑色。

游戏揭秘：

面粉里含有碳这种元素，它加热后，就会变成黑色的。你现在该知道为什么你家的稀饭烧焦后是黑色的了吧！

橙汁为什么变苦了？

一杯酸酸甜甜的橙汁，就像一首歌里唱的一样"酸酸甜甜就是我"。可是橙汁也可能变得又苦又涩。这究竟是怎么回事呢？

必备材料：

一小杯橙汁，吸管，一把牙刷，水，一管牙膏。

开始游戏：

(1)喝一口橙汁，尝尝味道，你会发现它是酸酸甜甜的，然后用水漱口。

(2)用牙膏刷牙一分钟，再用水漱口，这时再去喝橙汁。

(3)你会发现，橙汁的味道变了，变得特别苦涩。

游戏揭秘：

牙膏中含有一种化学物质，它可以改变橙汁中的柠檬酸的味道，使橙汁出现苦味。刷完牙后，牙膏里的这种化学物质仍有少量残留在口中，当与橙汁接触后，就会使橙汁变得又苦又涩了。

炎炎夏日，也可以万里雪飘？

这个小游戏，让你即使在炎炎夏日也能看到"千里冰封、万里雪飘"的北国风光。

必备材料：

一块大石棉网，三脚架，清凉油，几颗卫生球，小松枝，一个大烧杯，酒精灯。

开始游戏：

（1）把一块大石棉网放在三脚架上，石棉网中央放一个盛清凉油的金属盒（啤酒瓶盖也可以），将几颗卫生球研碎放在盒内。

（2）在盒旁堆一层薄泥巴，插些小松枝或其他小草植物，用 1000 毫升的大烧杯罩住这个"小花园"，如果找不到烧杯，用一个透明的大玻璃碗代替也可以。

（3）用酒精灯小心加热，可观察到杯内烟雾腾腾。如果缓缓加热，效果更好。冷却片刻，可见小树枝上落满了"白雪"，甚至结上了"冰凌"，俨然一幅白皑皑的美丽雪景。

游戏揭秘：

卫生球的主要成分是萘。加热时，萘熔化蒸发，冷却后又结晶在树叶上，雪景就是这样得到的。萘容易升华，若揭开烧杯，过一段时间，"雪"会不翼而飞，但若仍罩着烧杯，此雪景可保持很长的时间，可以作为一个小小的工艺品观赏。

玩这个游戏时要注意：萘易燃，盒内卫生球粉不宜装得太满；为使密封良好，薄泥巴层的直径应大于烧杯口直径。一定要在老师或者父母的指导下进行。

白色花儿为何会变红?

一朵白色的花朵,一天后,竟然变成了耀眼的红色,娇艳欲滴。这朵花儿为什么能变得这样红? 真是太神奇了,让我们一起去见识一下吧!

必备材料:

红色食用色素,滴管,一朵白色鲜花,水,一把剪刀,一只玻璃杯。

开始游戏:

(1)把玻璃杯装上水,并用滴管滴入红色食用色素。

(2)用剪刀把白花的茎剪出一个斜斜的切口插在玻璃杯里。

(3)一天后,你会发现,原本白色的花已经变成红色的了。

游戏揭秘:

植物通过根和茎内的导管吸收水分,并将这些水分输送给其他部分。把白色花插在红色的水里,花的茎吸收了带有色素的水后,将水传送至花瓣,所以花瓣变红了。

迷你龙卷风

龙卷风常常发生在夏季的雷雨天气中。你亲眼见到过龙卷风吗? 没见过的话,我们可以教你制造一个迷你型的"龙卷风"。

必备材料:

一个锅盖,墨汁,两只玻璃杯子,雪碧,小苏打水。

开始游戏:

(1)在玻璃杯里倒一杯雪碧,把它放在一个倒扣的锅盖上,转动锅盖。

（2）用另一个杯子调一点小苏打水，在小苏打水中加入一点墨汁。

（3）把小苏打水倒入转动的雪碧杯中，你会看到一个小型的"龙卷风"从杯底慢慢升起。

游戏揭秘：

因为雪碧中含有碳酸成分，遇到小苏打水后，会促使碳酸分解，产生大量的二氧化碳。这股气从水杯底部冒出，被旋转成"龙卷风"。游戏中，在小苏打水中放入墨汁，是为了便于观察。

互换身份的茶水和墨汁

这个小游戏，可以当作一个节目在联欢会上表演。

必备材料：

茶杯，三氯化铁溶液，毛笔，饱和草酸溶液，茶叶，开水。

开始游戏：

（1）事先在茶杯盖内侧涂一些三氯化铁溶液，将干净的毛笔用饱和草酸溶液浸湿。

（2）表演时，将少许茶叶放入无色透明的茶杯中，倒入开水，泡一杯茶。然后盖上盖稍一摇晃，茶就变成了"墨汁"。待用毛笔蘸这杯"墨汁"准备写字时，"墨汁"又重新变成了"茶水"。变幻莫测，多么有趣啊！

游戏揭秘：

为什么茶水会发生这样的变化呢？因为茶水中含有鞣酸，鞣酸能与三氯化铁反应生成黑色的鞣酸铁沉淀，茶水即变成"墨汁"。草酸能与鞣酸反应生成无色的可溶物，"墨汁"便又变成"茶水"。当然，此时的茶水不能再喝了。

碘水的颜色去哪了?

颜色也能被夺走吗？做完下面这个游戏你就明白了。

必备材料：

玻璃试管，清水，碘酒，汽油。

开始游戏：

(1)准备一只玻璃试管，在里面盛入将近 1/3 容积清水，再滴入几滴碘酒，塞紧塞子后摇匀，这时试管里的溶液是浅棕色的，俗称"碘水"。

(2)然后将试管稍稍倾斜，沿着试管壁缓缓滴入无色透明的洁净汽油，直到液面上升到试管 2/3 高度处，于是你可以看到试管里出现两层液体：下层是浅棕色碘水，上层是无色透明的汽油。

(3)你再塞紧瓶塞，不断摇晃试管，直到里面的液体充分混合，然后把试管直立并且静置。再过一会儿，奇怪！里面的液体发生了变化：沉在下层比较重的水几乎变得没有颜色了，而浮在上层的汽油却变成了紫色。这是怎么一回事呢？碘水的颜色去哪里了？

游戏揭秘：

原来，碘不大容易溶于水，却十分容易溶于汽油。当你激烈晃动试管时，里面的碘水和汽油有了充分接触的机会，结果水里的绝大部分碘都被汽油"夺走"，于是汽油变成了紫红色，而失去碘的水同时也失去了颜色。

绿色是由什么颜色调配而成的?

我们生活的世界五彩缤纷，色彩绚丽。这些色彩都可以由三种颜色按一定比例混合调配出来，这三种颜色就是红、黄、蓝。你知道绿色是由什么颜色调配而成的吗？让我们一起来看看吧。

必备材料：

一支绿色彩笔，水，一个夹子，一张滤纸片，一只玻璃杯。

开始游戏：

(1)往玻璃杯里面注入 2.5 厘米深的水。

(2)在离滤纸片下端 5 厘米的地方，用绿色彩笔画一个点。

(3)把滤纸片吊在杯子里，滤纸片的一端用夹子夹在杯口，让绿点刚好位于水面上方，而滤纸片的另一端浸在水里。

(4)15 分钟后，滤纸片上的绿点不见了，在原来的绿点上方，纸变成了蓝色，紧接着往上的地方，纸变成了黄色。

游戏揭秘：

将纸条浸在水里，水会顺着纸条往上扩散。在扩散过程中，不同色素的移动速度不同。因为绿色是由黄、蓝两种色素组成，两种色素因移动速度的不同在纸片上分离开来，呈现出不同的色带。

灯泡里为什么没有空气？

人们在制造灯泡的时候，都会抽掉灯泡里面的空气，这是真的吗？

必备材料：

手电筒一只，铁砂纸一张。

开始游戏：

(1)先打开手电筒的开关，检查灯泡是否能够正常工作。

(2)将手电筒中的灯泡取下，用铁砂纸将灯头的玻璃磨破一小部分。

(3)将灯泡重新安装在手电筒上，打开开关。

游戏揭秘：

手电筒只亮了一瞬间，钨丝很快就被烧断了。一般情况下，灯泡内部的空气都是必须抽掉的，但是我们在实验的过程中，磨破了灯泡，使得氧气进入灯泡中，而钨丝会在高温的情况下，和空气中的氧气发生化学反应，从而导致钨丝被氧化，不但不能很好地导电，还被烧断，所以通电后，钨丝就在高温有氧的条件中烧了。

如何洗丝绸上的油渍？

不小心把妈妈的丝绸围巾弄脏了，这可怎么办啊？别着急，教你一招，轻松洗掉丝绸上的油渍。

必备材料：

丝绸一小块，带有盖子的广口瓶一个，棉签一根，甘油，花生油。

开始游戏：

(1)用棉签蘸取一些花生油，滴在丝绸上。

(2)向广口瓶中倒入一些甘油，再将丝绸放进去，盖上盖子，开始摇瓶子。

(3)半小时后，取出丝绸，丝绸上的油渍居然消失了。

游戏揭秘：

甘油具有很强的挥发性，当沾在丝绸上后，仍是会挥发到空气中，而且在挥发的过程中，它还会将上面的油渍带走，所以，油渍就消失了。

鸡蛋上的图画怎么才能持久？

你想过在鸡蛋上画上自己喜欢的图案，当成礼物送给朋友吗？你也许会说这并不难,难的是鸡蛋上的图案怎么能持久呢?

这个小游戏,可以教你一种方法。

必备材料:

彩笔,鸡蛋,白醋,水。

开始游戏:

(1)用彩笔在鸡蛋上画一幅精美的图案,把鸡蛋放进玻璃杯中,再加入白醋将鸡蛋浸没。

(2)两个小时后,将杯子里的醋倒掉,再加入新鲜的醋,再次把鸡蛋浸没。再过 2 小时即可取出,用水冲洗,鸡蛋上的图案依然清晰可辨。

游戏揭秘:

白醋中的酸和鸡蛋壳上的钙发生反应,并放出二氧化碳气体。蛋壳上的钙被溶解,被彩色画笔画过的地方没有受到醋的侵蚀,仍保持原来的样子,所以图案清晰可辨。

吹口气就能使水变色

吹一口气,水就变混浊了,再吹一口气,水又变得澄清了,你相信这样的事吗?

必备材料:

石灰,玻璃杯,清水,吸管。

开始游戏:

(1)找一些石灰放在玻璃杯里,加入清水搅拌,等沉淀后把上面无色透明的液体倒入另一个无色透明的水杯中。

(2)等一会儿,石灰水就会澄清,倒出一杯澄清的石灰水,用吸管对着杯子中无色透明的石灰水吹气,看看有什么现象出现? 不一会儿液体变混浊,继续吹气,液体又变得澄清起来。

游戏揭秘:

石灰水是无色透明的液体,吹出的气体是二氧化碳,二氧化碳遇石灰水生成不溶于水的碳酸钙,所以石灰水变混浊了;当继续吹气,又使碳酸钙和二氧化碳、水反应,生成可溶性的碳酸氢钙,液体又变得澄清起来。

用香灰写字

借助香灰,可以在纸上用火花写字,这个游戏是不是很有趣呢?

必备材料:

香,杯子,水,吸管,笔,白纸,木条。

开始游戏:

(1)点燃几根线香,收集好香灰,放到杯子中加水摇匀。在吸管中塞入少许纸巾,制成过滤器,将香灰水缓慢地倒入吸管中,从吸管另一端流出,让过滤的液体流入另一个杯子,这样我们所需要的液体就制作完成了。

(2)用毛笔蘸配置出来的溶液,在一张白纸上写字(注意笔画要连续不断),要重复写 2 至 3 遍,然后在字的起笔处用彩色铅笔做个记号。把纸晾干,放在水泥地(砖地或土地)上。

(3)用带火星的木条轻轻地接触纸上有记号的地方,立即有火花出现,并缓慢地沿着字的笔迹蔓延,好像用火写字一般。最后,在纸上呈现出用毛笔所写的字。

游戏揭秘:

香灰中有一种含钾的物质,这种化合物可溶于水,并能降低纸的燃点,所以纸张涂上香灰水比较容易燃烧,蔓延开来就像纸会自己写字一样。也可以直接用饱和硝酸钾溶液,当纸上的硝酸钾与带火星的木条接触时,硝酸钾受热分解放出氧气,纸便被烧焦。

碟子会变色?

只给你一个白色的碟子和一瓶墨水,你能把这个碟子变成彩色的吗?跟我一起做,你会发现奇迹真的会出现哦!

必备材料:

一支带橡皮的铅笔,一块硬纸板,一把剪刀,一根针,一瓶墨水。

开始游戏:

(1)在硬纸板上剪下一个直径为 10 厘米的圆作为圆碟。一半用墨水涂成黑色,把另一半分成大小相同的四部分,每个部分画三条圆弧线。

(2)用针把圆碟插在铅笔的橡皮上。

(3)先以较快的速度旋转圆碟,再以较慢的速度旋转。

(4)快速旋转圆碟时会看到几个圆环,当以较慢的速度旋转圆碟,只会看见红色和蓝色两个圆环。

游戏揭秘:

当我们以较慢的速度旋转圆碟,我们瞬间看见白光,随即圆碟的黑色部分便会进入我们的眼睛。但我们的眼睛只能看到可见光谱中波长较短的蓝色以及波长最长的红色,所以,我们只能看到红色和蓝色的环。

动手变出各种形状的泡泡

你的泡泡枪是不是只能打出圆圆的泡泡来? 如果自己动手,可以让泡泡变出各种形状哦,开始行动吧!

必备材料：

半块肥皂,水,一把钳子,一个脸盆,一根铁丝。

开始游戏：

(1)把肥皂和水放在脸盆中,调一大盆肥皂水。

(2)用钳子将铁丝拧成一个像羽毛球拍一样的圆框。

(3)把整个圆框放在肥皂水中,然后取出,用力挥动。

(4)一个椭圆的大泡泡就会出现在你的眼前。如果你边跑边挥动手中的圆框,泡泡就可以变成好多种形状。

游戏揭秘：

清水和肥皂水都有表面张力,只是肥皂水的表面张力大致为清水的三分之一,这正是形成泡泡所需的最佳张力。当我们用力挥动圆框时,残留在圆框中的肥皂水,就会随着我们力量大小和方向的改变,而产生各种不同形状的泡泡。

石膏的热量来自哪?

必备材料：

石膏粉一小袋,较深的塑料托盘一个,勺子,水。

游戏开始：

(1)将石膏粉倒入托盘中。

(2)向托盘中加入水,并用勺子搅拌,直到产生浓稠的糊状物为止。

(3)将其放置一个小时左右,观察现象。一个小时后,石膏变硬了,塑料托盘壁上有热乎乎的感觉。

游戏揭秘：

其实这是一种化学反应。石膏粉和水发生了反应,形成了一种变硬的石膏,并且,在反应过程中,还会产生热量,所以,托盘上才会有热乎乎的感觉。

水也分硬水和软水吗?

必备材料:

洗洁精,家用饮水,玻璃杯,筷子。

游戏开始:

(1)用玻璃杯取小半杯家用饮水。

(2)挤出 5 至 6 滴洗洁精,用筷子搅拌。

(3)观察水的变化。若产生大量泡沫,且无垢状物,就是软水;若几乎没有泡沫,且产生许多垢状物,就是硬水。

游戏揭秘:

硬水是指水中所溶的矿物质成分多,尤其是钙和镁,比如一些井水、泉水都是硬水。

而软水是指不含或含较少可溶性钙、镁化合物的水,比如一般的雨水、雪水都属于软水。所以水中含的矿物质越多,水就越硬。

生石灰为何能煮熟鸡蛋?

必备材料:

鸡蛋一枚,玻璃杯一个,生石灰,自来水。

游戏开始:

(1)在玻璃杯里放入适量的生石灰粉末。

(2)把鸡蛋放在生石灰粉末上。

(3)往玻璃杯内倒水,产生了大量白雾,稍微等一会儿,鸡蛋就熟了(注意安全)。

游戏揭秘:

这就是靠这生石灰了,就是因为它和水碰到一起,就会成为熟石灰,并且还会放出大量的热量。你可别小看这热量哦,如果有一千克的生石灰和水反应,那产生的热量甚至可以烧开两个热水瓶的水呢!

牛肉为何可以助燃?

必备材料:

广口玻璃瓶一只,过氧化氢水 30ml,火柴一盒,新鲜牛肉一小块。

开始游戏:

(1)将 30ml 的过氧化氢全部倒进广口玻璃瓶中。

(2)点燃一根火柴,吹熄火焰,把余烬的一端放进过氧化氢中,观察火柴的变化情况。

(3)拿出火柴,在过氧化氢中加入小块新鲜的牛肉。

(4)点燃另外一根火柴,熄灭火焰之后,再次把余烬放进过氧化氢中,没有加入牛肉的时候,火柴的余烬放进过氧化氢中,没有燃烧,但是加入牛肉之后,火柴很快复燃了。

游戏揭秘:

这是因为过氧化氢是一种含有很多不稳定氧的物质,它在转化为水的过程中会释放出一定量的氧气,而血液中包含一种叫作过氧化氢酶的物质,它能够加快过氧化氢转化为水的过程,因此便会加快氧气的释放速度,使得释放出来的氧气还没有融进空气,就在水面上形成泡沫,进而点燃火柴的余烬了。

墙也会"流汗"?

如果说墙也会"流汗",你信吗?

必备材料:

生石灰,水,刷子。

开始游戏:

(1)先把生石灰和水搅和在一起,让其形成熟石灰膏。

(2)然后用刷子把熟石灰膏刷在墙面上。

(3)仔细观察墙面的变化。刚刚刷过的墙壁,慢慢地变得湿漉漉的,好像在冒"汗"一样。

游戏揭秘:

这生石灰与水反应后生成了熟石灰,而熟石灰又与空气中的二氧化碳反应生成了一种坚硬的叫碳酸钙的物质和水,你所看到的"汗"就是经过这一系列反应所生成的水。

小木炭为什么会发出红光?

小木炭不仅能跳舞,还会发出好看的红光,这样有趣的景象,你想不想亲眼看一看?

必备材料:

一支试管,固体硝酸钾,铁夹,铁架,酒精灯,小木炭。

开始游戏:

(1)取一支试管,里面装入 3 至 4 克固体硝酸钾,然后用铁夹直立地固定在铁架上,并用酒精灯加热试管(注意安全)。

(2)当固体的硝酸钾逐渐熔化后,取小豆粒大小的木炭一块,投入试管中,并继续加热。过一会儿就会看到小木炭块在试管中的液面上突然跳跃起来,一会儿上下跳动,一会儿自身翻转,好似跳舞一样,并且发出灼热的红光,有趣极了。你在欣赏小木炭优美的舞姿的同时,能回答出小木炭为什么会跳舞吗?

游戏揭秘:

在小木炭刚放入试管时,试管中硝酸钾的温度较低,还没能使木炭燃烧起来,所以小木炭还在那静止地躺着。对试管继续加热后温度上升,小木炭达到燃点,这时与硝酸钾发生激烈的化学反应,并放出大量的热,小木炭立刻燃烧发光。因为硝酸钾在高温下分解后放出氧来,氧立刻与小木炭反应生成二氧化碳气体,这个气体一下子就将小木炭顶了起来。木炭跳起之后,和下面的硝酸钾液体脱离接触,反应中断了,二氧化碳气体就不再发生,当小木炭由于受到重力的作用落回到硝酸钾上面时,又发生反应,第二次跳起来。这样循环往复,小木炭就不停地上下跳跃起来。

红糖为什么可以变成白糖?

必备材料:

红糖,水,活性炭,小烧杯。

开始游戏:

(1)称取 5 克至 10 克红糖放在小烧杯中,加入 40 毫升水,加热使其溶解,加入 0.5 克至 1 克活性炭,并不断搅拌,趁热过滤悬浊液,得到无色液体,如果滤液呈黄色,可再加入适量的活性炭,直至无色为止。

(2)将滤液转移到小烧杯里,在水浴中蒸发浓缩。当体积减少到原溶液体积的1/4左右时,停止加热。从水浴中取出烧杯,自然冷却,有白糖析出。为什么加入活性炭之后,红糖就变成白糖了呢?

游戏揭秘:

红糖中含有一些有色物质,要制成白糖,须将红糖溶于水,加入适量活性炭,吸附红糖中的有色物质,再经过滤、浓缩、冷却后便可得到白糖。

没有笔也能画出水墨画

你喜欢涂涂画画吗?画画的工具有很多,可以用各种笔、手掌、弹珠和树叶等工具来画画。但是如果要我们不用任何作画的工具,就可以画一幅有趣的图画,你能做到吗?你想尝试一下吗?

必备材料:

一张宣纸,一根筷子,一个装有半盆水的脸盆,一根棉签,一瓶墨水。

开始游戏:

(1)用蘸了墨水的筷子轻轻触碰脸盆里的水面,即可看到墨水在水面上扩展成一个个圆形。

(2)拿棉签在头皮上摩擦几下,然后轻碰墨水圆形图案的圆心处,墨水扩展成了一个个不规则的圆圈图形。

(3)把宣纸轻轻覆盖在水面上,然后缓缓拿起。

(4)这时,宣纸上就印出了不规则的同心圆图形。

游戏揭秘:

把棉签在头皮上摩擦几下,就会沾上少量的汗水,汗水里的油脂会影响水分子互相吸引的力量,从而改变了水面的同心圆图案。将宣纸轻轻覆盖在水面上,水里互相吸引的力量,改变了水面的同心圆图案。将宣纸轻轻覆盖在水面上,水里的图案因为带有颜色,浸到宣纸上,所以宣纸会印出水中的图案。

樟脑丸为何一上一下?

必备材料:

樟脑丸一个,玻璃杯一个,小苏打,醋。

游戏开始:

(1)将玻璃杯灌满醋。

(2)把樟脑丸放进玻璃中,再向醋中加入一些小苏打,观察樟脑丸。你会发现,樟脑丸在水中一上一下。

游戏揭秘:

小苏打与醋发生了化学反应,产生了二氧化碳气泡,因为气体难溶于水,所以气泡会从水中跑出去,而在跑出去的时候,就会带着樟脑丸一起浮到水面上,气体跑到空气中后,樟脑丸又会再次沉入水中,然后接着被二氧化碳气体托起来,像这样,就会看到樟脑丸在溶液中一上一下的现象。

人造瀑布,你学会了吗?

"飞流直下三千尺,疑是银河落九天。"这是大诗人李白形容庐山瀑布壮美景观的著名诗句。人造瀑布,并且还能控制它们的分合,真的能办到吗?

必备材料:

一个铁罐盒,水,锥子。

开始游戏：

(1)用锥子在空的铁罐盒底部钻 5 个小孔(各孔间隔在 5 毫米左右)。

(2)将罐内盛满水,水是分成 5 股从 5 个小孔中流出的。

(3)用大拇指和食指将这些水流黏合在一起。

(4)手拿开后,5 股水就会合成一股。

(5)如果你用手再擦一下罐上的小孔,水就又会重新变成 5 股。

游戏揭秘：

水是由许许多多很小的水分子组成的。水表面的水分子紧紧靠拢在一起,有一种相互吸引的力,即水的表面张力,而水的表面张力会驱使水流进行分、合。

怎样给旧电池快速充电？

必备材料：

旧干电池一节,蜡烛一根,打火机一个,小铁钉一根,食盐水适量。

开始游戏：

(1)拿下旧电池一端的塑料圆片,用铁钉在电池上挖两个小孔。

(2)在两个小孔中分别滴入几滴食盐水。

(3)用打火机点燃蜡烛,在小孔上分别滴上几滴蜡油,将滴入食盐水的小孔密封起来。

游戏揭秘：

将电池放入遥控器中,发现它又"复活"了。

我们在旧电池里加入了食盐水,食盐水在通电的情况下,会被电解,同时产生能吸附在电池炭末上,成为两个不同电极的氢和氯,所以电池就能够重新使用了。只不过,用这种方法给电池充不了多少电,用不了多久,电池还是会没电的。

橡皮鸡蛋是怎么回事呀?

橡皮鸡蛋是怎么回事呀? 难道是橡皮做的鸡蛋?

必备材料:

一个玻璃瓶,一个生鸡蛋,食醋,水。

开始游戏:

(1)找一个玻璃瓶,放进一个生鸡蛋,再往里倒入食醋,浸泡12个小时。

(2)用手试一试,如果软了就取出,用水冲洗。鸡蛋就会像橡皮一样柔软,这就是橡皮鸡蛋。这时把鸡蛋对着光源,通过蛋膜还可以见到蛋黄和蛋白呢!

你知道鸡蛋为什么会变软吗?

游戏揭秘:

蛋壳的主要成分是碳酸钙,醋可溶解碳酸钙,把蛋壳溶解了,剩下卵膜,所以非常柔软。这个游戏很简单,但比较费时间,你做的时候要有耐心哦!

失踪墨迹到底去哪了?

必备材料:

透明玻璃杯两个,消毒液,墨水,清水。

开始游戏:

(1)向其中一个玻璃杯中倒入清水,再滴入几滴墨水。

（2）往另一个杯子中倒入一些消毒液。

（3）将含有墨水的水倒入装有消毒液的杯子中。

（4）轻轻摇晃杯子，你发现了什么？墨水的颜色不见了，水又成了清水。

游戏揭秘：

消毒水中含有一种叫作次氯酸钠的物质，它具有漂白的作用，里面的墨水就是被次氯酸钠漂白了，所以水就变回原来的清水。

能够预报天气的"晴雨花"

必备材料：

塑料花一枝，花瓶一个，二氯化钴溶液。

开始游戏：

（1）将塑料花在二氯化钴溶液中浸泡几个小时。

（2）几个小时过后，取出塑料花，将其插在花瓶中，在不同天气中，塑料花颜色会有变化。在晴天时，花为蓝色；在雨天前为紫色；下雨时为粉红色。

游戏揭秘：

二氯化钴对水分特别敏感，在晴天的时候，二氯化钴很难吸收水分，所以就是蓝色；而在下雨前，空气中水分增加，二氯化钴就会吸收一部分水，变成紫色；当下雨的时候，空气中的水分充足，二氯化钴就会变成粉红色。

第九章

奇趣的动物

蚱蜢到底有几只眼睛？

你知道蚱蜢有几只眼睛吗？告诉你，蚱蜢不仅有两只复眼，还长着小小的单眼，我们做个小游戏来看看它们各自的作用。

必备材料：

蚱蜢，纸盒，墨汁，胶布少许。

开始游戏：

（1）在纸盒的一侧开一个比蚱蜢略大些的洞，然后用墨汁将纸盒的内壁全部涂黑。

（2）剪两块胶布，将蚱蜢的两只大眼睛贴牢，再把它放入纸盒里，盖紧盒子。

（3）一会儿，你就会发现蚱蜢从小洞里爬出来了；再剪一条狭长的胶布，将蚱蜢两眼之间的三个小小隆起处贴住，放回盒内。这时，蚱蜢就爬不出来了。

游戏揭秘：

原来，蚱蜢头部的两只复眼是由许多小眼组成的，复眼能识别物体的形象，特别是运动着的物体，因此复眼是蚱蜢的主要视觉器官。两只复眼之间的隆起部分是它的单眼，单眼是辅助视觉器官，它的功能是辨别光线的明暗。封住复眼，蚱蜢还能靠单眼来辨别明暗，找到小洞。把单眼也遮住，蚱蜢的视觉完全丧失，就找不到小洞了。

吃进肚的种子能发芽吗？

如果家里养了小鸡和小狗，你就可以做一下这个小游戏。

必备材料：

小鸡，小狗，菜籽。

开始游戏：

(1)给小鸡和小狗喂食的时候，把一些菜籽掺在食物里喂它们吃，然后收集它们的粪便，倒在土里。

(2)过几天你会发现，倒在土里的小鸡粪便竟然发芽了，而小狗粪便却没有任何要发芽的样子。

游戏揭秘：

为什么同样吃了菜籽，小鸡的粪便会发芽，而小狗的粪便就不会发芽呢？这是由于鸡和狗的消化系统不同所造成的。鸡的消化器官主要有喙、嗉囊、砂囊和前后胃，没有牙齿，也不会分泌唾液、胆汁等消化液，它最大的消化器官是砂囊，借助砂粒来磨碎食物。可是，菜籽比较硬，砂粒不容易把它磨碎。没有被磨碎的菜籽随粪便排出体外，遇到合适的土壤、气候就发芽了。而狗是哺乳动物，它的消化器官比较发达，它的门齿、犬齿和臼齿可以把食物嚼得很碎，并通过体内其他的消化器官充分地消化、吸收，从而破坏菜籽的结构。换句话说：菜籽被小狗吃了，消化了，当然就不能发芽了。

绵羊只会跑直线?

如果你去追赶一只绵羊，它会怎么跑呢？

必备材料：

一只绵羊。

开始游戏：

(1)将绵羊牵到自己身旁。

(2)想办法吓唬它,并拼命追赶它。你会看到,绵羊大都会沿一条直线奔跑。

游戏揭秘:

动物的很多天性跟它们长期的生活习惯相关。绵羊的祖先经常被狼、虎等大型凶残的动物追赶和残杀,绵羊在这一过程中总结出了一条经验,那就是如果它们拐弯的话,追赶它们的大型动物就会很快地将它们抓住,因为那些大型动物能迅速找到更便捷的途径截住它们,此时它们将被攻击而没有退路。所以,无论我们怎么拼命追赶绵羊,它们都会向前跑直线。

蚯蚓不是"看"路而是"闻"路

一场大雨过后,几条蚯蚓在院子里的地面上扭动着身躯,真有趣。用脚把蚯蚓的道路挡住,原以为蚯蚓会拐弯,可它视而不见,继续冲你的脚边爬来。怎么回事?难道蚯蚓没长眼睛?

你可以捉两条蚯蚓做一个小游戏,检验一下它们到底有没有眼睛。

必备材料:

蚯蚓,铅笔,手帕,小树枝,葱,一个色彩鲜艳的玩具。

开始游戏:

(1)将两条蚯蚓放在一块湿热板上,用铅笔、手帕、小树枝分别在它们面前晃动,它们似乎一点都没有察觉。

(2)找来一根葱和一个色彩鲜艳的玩具,把它们分别放在两条蚯蚓的两个侧面。过了约5分钟,两条蚯蚓都同时朝葱的方向扭动,最后都钻到葱的底下去了。

游戏揭秘:

蚯蚓由于长期在土壤里生活,几乎见不到光线,它的眼睛渐渐退化,但蚯蚓的前端却有嗅觉器官,它的嗅觉很好,能用它来辨别方向探路,所以它们才会闻到葱的味道,并钻到下面去了。

如何区分蝴蝶和飞蛾?

你知道怎样区别蝴蝶和飞蛾吗?

必备材料:

一只蝴蝶,一只飞蛾,一根铁丝,一个枕头套,两个大的玻璃瓶,两根橡皮筋,两只丝袜,一根长木棍。

开始游戏:

(1)将铁丝弯成一个圆圈。

(2)把铁丝的两端都绑在木棍上。

(3)将铁丝套上枕头套,这样就做成了一个捕虫网。

(4)用做好的捕虫网捕捉蝴蝶和飞蛾。

(5)将蝴蝶和飞蛾分别装在不同的瓶子里。

(6)用丝袜盖在瓶口上。

(7)用橡皮筋将丝袜和瓶口绑紧。

(8)透过玻璃瓶观察蝴蝶和飞蛾,你会发现它们有着很大的差别。

游戏揭秘:

蝴蝶和飞蛾的外观看起来很相似,它们同属鳞翅目,但是两者之间存在很大的差别。比如,在休息的时候,蝴蝶将翅膀合拢,而飞蛾却将翅膀平放呈脊状。蝴蝶和飞蛾在头部都有触角,但蝴蝶的触角细长,呈棒状或锤状,飞蛾的触角则呈羽状或丝状。蝴蝶的腹部细长,飞蛾的腹部则粗短。蝴蝶喜欢在白天活动,飞蛾则喜欢在晚上活动。再有,它们翅膀的扇动方式也存在很大的不同。

鸡为何要吃砂子？

鸡在吃食物的时候往往会吃一些砂子，你知道这是为什么吗？

必备材料：

一些砂子，一些葵花子，一个塑料袋，一个玻璃杯，一些水。

开始游戏：

（1）把葵花子剥开壳，取出里面的葵花仁。

（2）将葵花仁放进玻璃杯中。

（3）在杯子中倒入大半杯水，让葵花仁浸泡半小时左右。

（4）将浸泡后的葵花仁放进塑料袋中。

（5）往塑料袋中装入适量的砂子。

（6）用手揉搓塑料袋，使葵花仁和砂子相互摩擦。过一会儿，你会发现，葵花仁居然被砂子磨碎了。

游戏揭秘：

鸡是没有牙齿的，它吃进去的食物直接进入体内，因此很难被消化。为此，鸡把砂子吃进胃里，让食物与砂子互相摩擦，从而消化吃进去的食物。

蚂蚁的胆子到底有多小？

蚂蚁的胆子到底有多小？我们不妨和它们开个小小的玩笑。

必备材料：

一群蚂蚁。

开始游戏：

(1)对蚂蚁洞口的一只蚂蚁呼气,耐心地观察,不一会儿,蚂蚁开始惊恐不安起来了。再过一会儿,一群蚂蚁惊恐不安地在洞口来回爬动。

(2)2分钟之后,停止对蚂蚁呼气,蚂蚁又迅速地恢复了正常的活动。

(3)再重复几次这个游戏,你会惊讶地发现,蚂蚁的表现都是一样的。

游戏揭秘：

为什么重复多次上面的游戏,蚂蚁的表现会一样呢?其实,蚂蚁之所以会这样,是因为它们的触觉非常灵敏。当我们对它们呼气的时候,人体排出的二氧化碳会对蚂蚁造成一定的威胁。于是,它们就用一种特殊的方式互相传递这种信号,其他的蚂蚁收到这种信号后就会感到惊恐不安。而当我们停止对其呼气的时候,蚂蚁的这种感觉就消失了,自然也就不会感到惊恐而四处逃窜了。

跳出鱼缸的鱼

为什么鱼缸中的鱼总是爱往鱼缸外跳,有什么办法能让它们不再跳呢?

必备材料：

一个养着鱼的鱼缸,一张桌子,一些有颜色的涂料。

开始游戏：

(1)把鱼缸放在桌子上,桌子四周应比较开阔,仔细观察一阵,你会看到,鱼缸中的鱼总是会往鱼缸外跳。

(2)在鱼缸的周围涂上一些有颜色的涂料,再仔细观察,你会发现,鱼安静了很多,并不再往外跳了。

游戏揭秘：

为什么将鱼缸的周围涂上颜色，鱼就不再跳了？有人认为，被困在鱼缸里的鱼，透过透明的鱼缸向外看，总觉得外面透明的空气就是水，它们觉得外面的水比鱼缸里的更清澈，因此它们才想跳出来。而当我们把鱼缸涂抹上颜色后，透明的鱼缸就变成了不透明的，因此它们就不会再看见外面的空气，就不会想着外面的"水"更清澈，自然也不会再有跳出鱼缸的想法了。

其实，除了这种解释之外，还有几种说法：一是，基于鱼的天性，它们用这种方法跳出牢笼。二是，有些鱼向外跳是由于鱼缸内有大鱼，它们是为了躲避追食或争斗；三是，鱼的求偶期到了，它们用这种方式来炫耀自己的力量。

然而也有人发现，在给鱼缸涂抹了颜色之后，鱼是安稳了一段时间，却还是会有跳出鱼缸的行为，只是相对少了一些。

赖在洞中的动物

你知道沙漠中的动物白天为什么要躲在洞中吗？

必备材料：

一条白毛巾，一把铲子，两支室外温度计。

开始游戏：

(1)在阳光比较好的时候，走到室外用铲子在地面上挖一个 10 厘米深的洞，使手能够把温度计送进里面。

(2)将一支温度计放入洞中，并用白毛巾盖住洞口。

(3)将另一支温度计放在地面上。

(4)5 分钟之后，取出洞中的温度计读取度数，之后再立即读取另一支温度计的度数。你会发现,洞中的温度计显示的温度比地面的那支要低。

　　游戏揭秘:

　　当阳光直射在地面的时候,地表的温度会上升。而洞中的泥土因为没有受到阳光的直接照射,所以温度较低。沙漠中的动物会在土中挖洞,并且白天都待在洞中,不愿意出来活动,就是因为要躲避白天地表的炎热。

蜜蜂还会做算数?

　　蜜蜂不光是勤劳的昆虫,还是天才的数学家!

　　必备材料:

　　一个蜜蜂巢穴,一个碟子,一些浓糖水。

　　开始游戏:

　　(1)将碟子里装一些浓糖水。

　　(2)在距离蜂巢大约 5 米的地方放置碟子,过了不久,蜜蜂就会来吃糖水。

　　(3)第二天,把碟子移到比原来的距离远 20% 的地方,并适当加些浓糖水。

　　(4)第三天,再把碟子移远 20% 的距离,再加些浓糖水。这样依次类推,坚持一个星期。你会惊讶地发现,蜜蜂会在你将要放置的位置等你了。

　　游戏揭秘:

　　蜜蜂具有数学天赋,可谓是天才的数学家,它能够进行几何级数的运算。也就是说,当每个数字在其前面的基础上变化同样的百分比时,它能对这一系列数字进行"运算"。

萤火虫为什么会发光?

夏天的野外,很多萤火虫像小星星一样,一闪一闪的,你知道萤火虫为什么会发光吗?

必备材料(条件):

晴朗的夏夜。

开始游戏:

选择一个晴朗的夏夜,找一个可以近距离观察萤火虫的地方。仔细观察萤火虫发光处。仔细想想萤火虫为什么会发出一闪一闪的光亮。

注意:萤火虫对生存环境很挑剔,生态环境不好的地方难觅踪影,建议大家只做野外观察,既不要捕捉也不要购买。

游戏揭秘:

萤火虫发光,实际上是把化学能转化成光能的过程。萤火虫的发光部位位于腹部,是一层银灰色的透明薄膜。这个发光器是由发光层、透明层、反射层三个部分组成。发光层拥有几千个发光细胞,细胞中含有荧光素和荧光酶两种物质。在荧光酶的作用下,荧光素在细胞内水分的参与下,与呼吸进来的氧气发生氧化反应,发出荧光。这个荧光会随着萤火虫的呼吸节奏一闪一闪的。

青蛙为何会变色?

也许你只听说过变色龙会随着外界颜色的变化而迅速改变体色,但如果有人告诉你,青蛙也能改变体色,你是不是觉得很好奇呢?

必备材料：

三只体色差不多的青蛙，两个一样大小的大玻璃瓶，两块纱布，一些黑色纸，一些水。

开始游戏：

(1)在两个玻璃瓶中都装入浅浅的一层水，只要能没过杯底就行。

(2)把其中的两只青蛙分别放到玻璃瓶中。

(3)用纱布分别蒙在两个瓶口上。

(4)把其中的一个玻璃瓶周围用黑色纸包裹住，放在阴暗的地方。

(5)把另外一个玻璃瓶放在阳光充足的地方，但不要被阳光直射。

(6)三四天之后，将玻璃瓶中的两只青蛙取出，把它们跟另外一只青蛙放在一起。你会发现，三只青蛙的体色不一样了。没有放进玻璃瓶中的那只青蛙体色还是原来那样，用黑纸裹住的玻璃瓶中的青蛙的体色变得又暗又黑，剩下一个玻璃瓶中的青蛙的体色则变浅了。

游戏揭秘：

当青蛙的神经系统感受到了外界光线的变化时，就会调节皮肤中黑色素细胞的分布。这些黑色素细胞既可以聚合在一起，也可以分散开来。如果青蛙在暗处生活，黑色素细胞就会分散到它的整个皮肤表面，因此青蛙的皮肤看起来就会大面积地变暗。相反，在光线充足的地方生活的青蛙，黑色素细胞就聚集到一块，形成一个个的小黑点，而黑点之外的部分则变得很淡，整个体色看起来就变浅了。注意：完成这个游戏后，一定要将这三只青蛙放生。

蚯蚓为何反应灵敏？

蚯蚓的身体对外界刺激敏感吗？

必备材料:

一条蚯蚓,一张纸巾,一团棉球,一个镊子,一瓶消毒酒精,一些清水。

开始游戏:

(1)用水将纸巾弄湿,然后平摊开。

(2)将蚯蚓放在纸巾上。

(3)用棉球蘸点酒精。

(4)用镊子夹住棉球,放到蚯蚓的头尾以及身体的其他部位附近,看看它有什么反应。你会发现,不管带酒精的棉球靠近蚯蚓身体的哪一个部位,它都会逃走。

游戏揭秘:

游戏中的结果说明蚯蚓的身体上没有哪个部位会对棉球上的酒精气味表现出特别的敏感。蚯蚓虽然没有像鼻子一样的嗅觉器官,但是它的神经系统能够对刺激性气味做出反应。蚯蚓的大脑在身体的前端,而粗大的神经索则从大脑一直延伸到身体的另一端。蚯蚓身体每个环节的活动也都有神经节在控制,所以只要蚯蚓某一部位受到刺激,它身体的任何部位都会有反应。

蝗虫的呼吸器官长在什么位置?

你知道蝗虫的呼吸器官长在什么位置吗?

必备材料:

两只蝗虫,两个小口玻璃瓶,两团棉花球,一些凉开水。

开始游戏:

(1)在两个玻璃瓶中灌上凉开水,水面距离瓶口的长度应差不多等于蝗虫的身长。

(2)把一只蝗虫头朝下,仅让它的头浸没在一只瓶的水中。

(3)把另一只蝗虫头朝上露出水面,躯体浸没在另一只瓶的水中。

(4)用棉花团分别塞住两个瓶口,使2只蝗虫都保持垂直的姿势。

(5)大约一小时后,再来观察蝗虫的动态。你会发现,躯体浸没在水中的蝗虫已经死了,而仅头部浸没在水中的一只则还活着。

游戏揭秘:

蝗虫呼吸器官的位置和一般的昆虫不同,它不是长在头上,而是长在躯体上。在蝗虫的胸部和腹部的两侧,有一行排列得很整齐的小孔,这就是气孔,一共有 10 对,每一个气孔都向内连着一条气管。气孔是蝗虫呼吸的门户,这个门户被堵住,蝗虫就无法呼吸了。所以,在游戏中,那只躯体浸泡在水中的蝗虫,因为无法呼吸而死去;而躯体露在外面的那只,则因为没有影响到呼吸,所以还活着。

暴雨来临,蚯蚓为何要爬出地面?

每当下暴雨时,蚯蚓就会爬到地面上来,这是为什么呢?

必备材料:

一个盆,一些泥土,三条蚯蚓,一些小砂石,一个杯子,一些水。

开始游戏:

(1)在杯子里装入半杯小砂石。

(2)往杯子里倒水,直到砂石被淹没为止。你会看到,杯子里开始有气泡冒出,不一会儿就没有了。

(3)把蚯蚓和泥土装入盆里,蚯蚓必须覆盖在泥土中。你会发现,蚯蚓会静静地待在泥土中。

(4)往盆里倒水,直到泥土刚好被水淹没。你会看到,盆里也有气泡冒出,不一会儿,蚯蚓也会爬出泥土。

游戏揭秘:

游戏中,盆里和杯子里出现的都是气泡。这是因为我们往杯子或盆里倒水时,水会将砂石或泥土中的空气挤出来。当砂石或泥土中的空气全被水挤出来以后,就不再有气泡冒出来了。当泥土中的氧气变少,蚯蚓就会爬到泥土表面上来呼吸。所以,当下暴雨地面积水时,蚯蚓为了获取氧气,就会钻出泥土,爬到地面上来。

行走在刀刃上的蜗牛

蜗牛居然可以在锋利的刀片上爬行,它会受伤吗?让我们亲眼来验证一下吧!

必备材料:

一只蜗牛,一个锋利的刀片,一块透明的玻璃片。

开始游戏:

(1)手拿刀片,水平放置(注意:小心划手)。

(2)把蜗牛放在刀刃上面,你会看到,蜗牛会在上面慢慢爬行,没有受到一点伤害。

(3)再把蜗牛放在玻璃片上,让其爬行。在玻璃片底部,你会看到,蜗牛走过的地方会有一道痕迹,同时还能观察到其正以均匀的速度向前移动,它通过肌肉的波浪形收缩而向前移动。

游戏揭秘:

蜗牛的足上有很多腺体,它们能向外排泄一种黏液。蜗牛在爬行的过程中并不是用身子行走,而是在黏液中滑动前进。所以,不管让蜗牛在多么锋利的刀片上爬行,蜗牛都不会受到任何伤害。

小蚂蚁为何摔不死?

蚂蚁有一项我们都无法企及的本事,那就是摔不死,你知道这是什么原因吗?

必备材料:

一只蚂蚁,一张白纸。

开始游戏:

(1)把白纸铺在地上。

(2)把蚂蚁放在手中高高举起。

(3)将手中的蚂蚁扔到白纸上,然后观察蚂蚁,你会发现,蚂蚁安然无恙,没有任何受伤的痕迹。

游戏揭秘:

蚂蚁摔不死是因为蚂蚁在下落的过程中,受到了空气阻力的作用。所有物体在下落的时候都会受到空气阻力的作用。物体越小,其表面积大小与重力大小的比值就越大,阻力就越容易与重力平衡。蚂蚁正是因为阻力与重力接近于平衡,所以下落的速度才会很慢,因而就不会被摔死了。

雀鸟为何能站着睡觉?

如果你和鸟儿比赛坐着睡觉而不歪斜身体,你猜谁会取胜?

必备材料:

一只雀鸟,一把椅子。

开始游戏：

(1)找到一只正站在树上睡觉的雀鸟。

(2)把椅子搬到树下。

(3)你坐在椅子上睡觉，并使上身挺直，让朋友当裁判，看看是你还是雀鸟的身子先歪斜。其实，无论你怎么和雀鸟比，最终失败的都不会是雀鸟。

游戏揭秘：

为什么雀鸟能站在树枝上睡觉而不掉下来呢？主要是因为雀鸟脚跟上的肌腱长得非常巧妙。它们从大腿长出的屈肌腱向下延伸，经过膝，再至脚，一直绕过踝关节，直达各个趾爪的下面。拥有这样的肌腱，其实也就是意味着它们在休息的时候，其身体的重量足以使它们自然屈膝蹲下，拉紧肌腱，于是趾爪收拢，紧紧抓住树枝。在这种情况下，即使它们睡着了，也还是可以稳稳站在树枝上而不会掉下来的。

不受鸟儿青睐的蚯蚓

鸟儿喜欢吃蚯蚓，但有一种蚯蚓它们是绝对不会吃的。你知道鸟儿不吃什么样的蚯蚓吗？

必备材料：

一只鸟儿，一个鸟笼，各种不同的蚯蚓。

开始游戏：

(1)将鸟儿放进笼子里。

(2)将蚯蚓放进笼子里，观察鸟儿会先吃哪条蚯蚓。

(3)过一会儿，再观察鸟笼中的蚯蚓，你会发现里面的蚯蚓都被鸟儿吃得差不多了，但是一种身上有橙色"腰带"的蚯蚓，鸟儿几乎动都没有动它。

游戏揭秘：

鸟儿之所以不吃身上有一条橙色"腰带"的蚯蚓,是因为这条橙色的"腰带"中间除了虫卵之外,还有很多的毒素,鸟儿吃了之后很容易生病。事实上,蚯蚓也是用这种方式来躲避危险的。

飞蛾真的喜欢扑火吗？

你可以通过简易的装置,制作一个"陷阱",让飞蛾自投罗网。

必备材料：

厚壁大塑料瓶,剪刀,不干胶带,台灯。

开始游戏：

(1)将厚壁大塑料瓶剪下上半截,制成一个漏斗。

(2)把上半截翻转,倒立着插入瓶子的下半截,两部分用胶带粘牢。

(3)把粘好的塑料瓶放在夜晚户外。放置一盏台灯,照在漏斗的顶上。

(4)入夜后,打开台灯,点亮数小时。

(5)飞蛾向灯光飞去,落入漏斗,然后被困在瓶底。待你观察仔细后,小心地释放捕获的飞蛾。

游戏揭秘：

飞蛾扑火,并不是飞蛾喜欢火光,或有意献身"火海",它只是保持自己的飞行方向与光源(月亮、灯光)呈一定角度,随着它不断地飞,它要不断变化角度才能使光线按同一角度投射进它的眼里,于是越飞越近,当飞蛾和灯光持零距离时,它就撞落到了"陷阱"里。

如何判断鱼儿的年龄?

你知道怎么判断鱼的年龄吗?

必备材料:

一只放大镜,一些鱼鳞,一张黑色的纸。

开始游戏:

(1)将杀鱼时刮下的鱼鳞晒干。

(2)把晒干的鱼鳞放到黑纸上。

(3)用放大镜观察鱼鳞上的条纹。

(4)数出较宽、颜色较浅的条纹数目。

游戏揭秘:

游戏中数出的较宽、颜色较浅的条纹数目就是鱼的年龄大小。如同树的年轮一样,鱼鳞的条纹也能显示鱼的年龄。在天气暖和的季节,饵食极为丰富,鱼就会快速生长,所以鱼鳞的条纹就会较宽,颜色也会较浅。但是,在寒冷的冬天,鱼儿的生长速度较慢,鱼鳞的条纹也会较窄,颜色也会较深。另外,不同种类的鱼,鱼鳞上的条纹形状也会有所差异。

猫为何晚上还能看清楚?

你观察过猫的眼睛吗?下面我们就来看一看猫的眼睛到底有什么特点吧。

必备材料:

一只猫咪。

开始游戏：

（1）在中午光线特别好的时候观察猫咪的瞳孔，你会发现它的瞳孔是一条直线。

（2）在夜晚观察猫咪的瞳孔，你会发现它的瞳孔特别圆而且大。

游戏揭秘：

人的眼睛看强光，看一阵子后，一定会觉得不舒服。如果对着很强的光，眼睛连睁都睁不开。可是猫咪却不一样，因为猫的瞳孔括约肌的伸缩能力很强，光线强的时候，瞳孔可以缩得很小，缩得像一条线一样；光线弱的时候，瞳孔又可以放大，跟满月一样圆大。如果留心观察，你会发现，猫的瞳孔成一直线的时候，一定是在中午太阳光线强烈的时候。而在室内，它的眼睛就睁得滚圆，老鼠见了一定会更加胆战心惊。

因为猫咪的瞳孔括约肌比人类具有更大的伸缩能力，眼睛对光线的反应也比人要灵敏，因此猫咪不管在强光、弱光或黑暗中，都能看清楚东西。

小蚂蚁为何不迷路？

春天到来的时候，小蚂蚁便开始活动了，它们是群居生物。在晴暖的天气里，它们有时会外出很远寻找食物。要知道，从很远的地方回到自己的家可不是一件简单的事，但是小小的蚂蚁却不会迷路。那么蚂蚁究竟是如何找到回家的路呢？让我们通过小游戏来找到答案吧。

必备材料：

蚂蚁。

开始游戏：

捉回一只蚂蚁，把它放到离它的家两米远的地方，然后静静地观察它。用不了多久，蚂蚁就回到了自己的家。这是为什么呢？

游戏揭秘：

原来，蚂蚁的视觉非常敏锐，不但陆地上的景物会被蚂蚁用来认路，而且太阳的位置和照射下来的日光，都能被蚂蚁用来辨认回巢的方向。此外，除了依靠眼睛，蚂蚁还能根据气味认路。有些蚂蚁在它们爬过的地方留下一种气味，在返回时只要追寻着这种气味，就不会误入歧途。蚂蚁虽然不会在爬过的路上留下什么特殊的气味，但是它们能熟记往返道路上的天然气味，所以不会迷路。由于蚂蚁具有上述认路的本领，即使天空中乌云密布，或是地面上的气味被破坏的时候，只要保留一些可以利用的线索，它们就会找回蚁巢，只不过多走一些弯路而已。

泥鳅的尾巴为何还能再生？

如果泥鳅的尾巴没有了，它还会长出来吗？

必备材料：

两条泥鳅，一把剪刀，一个鱼缸，一些水，一把尺子。

开始游戏：

(1)在鱼缸里放些水。

(2)用剪刀将其中一条泥鳅从尾鳍基部剪去，另一条则只把尾鳍的尖端剪去。

(3)把剪好后的泥鳅放到鱼缸中。

(4)两天后，用尺子测量一下它们尾鳍的长度，并记录下来。你会发现，这两只泥鳅尾鳍都生长了。从尾鳍基部剪去的鳍长得快，从尾鳍尖端剪去的则长得慢。

游戏揭秘：

鱼鳍和壁虎的尾巴一样，是可以再生的，它的再生能力与组织的生长程度有关。靠近鳍的基部是新的组织，生长得快；而鳍的尖端则是老的组织，生长得慢。有一点值得注意，在做这个游戏时，要记得不断给泥鳅添加饵料，适时加水。这样，它们才会比较顺利地完成鳍的再生。

你能分辨蚯蚓的头和尾吗？

如果蚯蚓不是在爬行，你能分辨出它的头和尾吗？

必备材料：

一条蚯蚓，一节电池，两根导线，一些胶带，一张废报纸，一些水。

开始游戏：

(1)将导线两端约两毫米长的绝缘表皮剥去。

(2)将其中一根导线的一端用胶带粘在电池的正极上。

(3)将另一根导线的一端粘在电池的负极上。

(4)将报纸折成长方形，其长边不应短于蚯蚓的长度。

(5)在报纸上洒些水，使报纸完全湿透。

(6)把蚯蚓放在报纸的正中央。

(7)用与电池负极相连的那根导线接触报纸上与蚯蚓右端距离为两毫米的地方，再用与电池正极相连的那根导线接触报纸上与蚯蚓左端距离为两毫米的位置，此时蚯蚓伸展自如，但换个方向，则收缩成锯齿状的一团。

游戏揭秘：

电流的通过能够让蚯蚓准确地判断自己的处境。如果蚯蚓的头部与电池的正极相连，尾部与电池的负极相连，它便会感觉到危险，将自己收缩起来。相反,当我们把电极调换,它就会感觉到安全,让自己伸展自如。由此,我们可以判断出,游戏中蚯蚓的头部在右端,尾部在左端。

蚂蚁为何喜欢吃糖?

蚂蚁的味觉特别敏感,它们可以选择自己喜爱的食物,你知道这是为什么吗?

必备材料:

一小杯糖水,一小杯糖精水。

开始游戏:

(1)找一个蚂蚁经常出没的地方。

(2)把糖水和糖精水分别滴在两旁,然后静候着仔细观察。

(3)过一会儿,你会看到,许多蚂蚁一起涌向滴糖水的地方,而滴糖精水的地方则没有一只蚂蚁光顾。

游戏揭秘:

蚂蚁之所以会选择糖水,是因为天然糖的分子更适合蚂蚁的味觉感受器。这个感受器在蚂蚁的触角上,蚂蚁通过这个触角来触摸食物、品尝食物和嗅气味。另外,由于蚂蚁没有适合人工合成甜味剂的味觉感受器,所以不会去光顾糖精的滴液。

不轻易上当的小鱼

色彩艳丽的金鱼可招人喜欢了,摇头摆尾,看上去很可爱!可是,你知道吗?金鱼也是有脾气的,而且可不是好糊弄的。不信,咱们来试试。

必备材料：

两缸金鱼，小木棍，鱼食，红色小碟，蓝色小碟。

开始游戏：

(1)把两缸金鱼放在便于观察的地方。

(2)一个鱼缸用红色小碟装鱼食。

(3)几天后，只要红色小碟出现在鱼缸里，鱼儿都会游过来。

(4)另一个鱼缸用蓝色小碟装鱼食。

(5)每次放好蓝色小碟后，用小木棍驱赶鱼儿，不让它们靠近吃食。

(6)几天后，鱼儿见到蓝色小碟就会四下逃窜。

游戏揭秘：

动物都有条件反射，这是经过后天反复训练形成的反射，而且，鱼儿还会辨别红蓝颜色。每次喂食用红色小碟，所以只要红色小碟出现，鱼儿就会知道有东西吃了。相反，一看到蓝色小碟，鱼儿就会因惧怕被驱赶而躁动不安。

什么温度下蜗牛会冬眠？

动物都有冬眠的习惯，对冷热敏感的蜗牛也不例外。你知道蜗牛在什么温度下会冬眠吗？

必备材料：

两只蜗牛，一些卫生纸，一个水杯，一些温水，一台冰箱。

开始游戏：

(1)用卫生纸把两只蜗牛包好，多包几层。

(2)将包好的蜗牛放进冰箱里，将温控开关调至冷藏室温度为5℃。如此放置一个晚上。

(3)第二天早晨打开冰箱,你会发现蜗牛一动不动,似乎已经死了。

(4)在水杯里装上一些温水。

(5)将蜗牛放进温水中。不一会儿,两只蜗牛的身子一下就从壳子里钻了出来。

游戏揭秘:

蜗牛对于太冷、太热、太干燥的环境都不能适应,所以会有冬眠、夏眠和旱眠(太干燥的情形下)的情况。游戏中,蜗牛待在 5℃温度的环境中,确实进入了冬眠的状态。另外,蜗牛对温度的刺激非常敏感,这是动物的一种应激反应。所以,当把冬眠的蜗牛浸泡在温水中的时候,它们的身子会很快地从壳子中钻出来。

蟋蟀的叫声和温度有关吗?

根据蟋蟀的叫声来测知温度,是不是不可思议?那就让我们来数一数蟋蟀的叫声,测一测周围的温度吧。

必备材料:

一只蟋蟀,一块显示秒数的手表,一个玻璃瓶,一只丝袜,一根橡皮筋。

开始游戏:

(1)把蟋蟀放进瓶子里。

(2)用丝袜罩住瓶口,并用橡皮筋绑紧。

(3)限定 15 秒,数数蟋蟀叫了多少次。

(4)将蟋蟀叫的次数加上 40。

(5)再重复几次刚才的游戏。

(6)将蟋蟀放归大自然。

游戏揭秘：

很多动物的活动会受到温度的影响。天气寒冷时，动物的动作常常会变得很迟钝；而天气温暖的时候，动物又会活跃起来。蟋蟀叫的次数在气候寒冷时少，而温暖时多。将15秒内蟋蟀所叫的次数再加上40，所得的数值就是蟋蟀周围环境当时的华氏（℉）温度。

小蝌蚪是怎么变成青蛙的？

你知道蝌蚪是怎么变成青蛙的吗？

必备材料：

一个大号玻璃瓶，一只小蝌蚪，一些河水，少量泥沙，几根水草。

开始游戏：

（1）在玻璃瓶中装一些河水。

（2）将泥沙和水草放到玻璃瓶中。

（3）把玻璃瓶放到阳光充足但不直接照射的地方。

（4）一段时间后，再观察玻璃瓶中的小蝌蚪，你会惊讶地发现，小蝌蚪变形了，变成了一只身披绿衣的青蛙。

游戏揭秘：

所有的动物都要经历成长的过程，有些动物生来看上去就像它们的父母，而有的却与它们的父母大不相同。蝌蚪就属于后面一种，它只是青蛙生命周期的一个阶段。青蛙在水中产卵，蛙卵孵化成小蝌蚪。当小蝌蚪脱掉细长的尾巴，长出四肢后就变成了蹦蹦跳跳的青蛙了（青蛙是有益动物，我们要保护它。在做完游戏后，千万要记得将青蛙放生）。

第十章

生活中的科学

今天下了多少雨？

在不少有关神话的电视剧中,我们常常可以看到玉皇大帝命龙王降雨,那么你是否想知道有多少雨水落在了农田、小河、街道上？平时,收听天气预报时,常常会听到"据某气象台测量,今天的降雨量为多少毫米",那么,到底什么是降雨量,降雨量又是如何测得的呢？

气象台一般是用雨量筒来测量降雨量,如果你手边没有雨量筒,那也不用担心,利用一些常见的器皿,你完全可以自制一个,效果也会不错的。

必备材料:

碗,一个无盖的罐子,一个玻璃瓶,秤。

开始游戏:

(1)取一个口径为 20 厘米的碗,在其底部凿一个比玉米粒稍大一些的小洞,然后将碗放在一个无盖的罐子上。

(2)罐内有一玻璃瓶,瓶口与碗底的小洞相接,简易的雨量筒就做好了。

(3)可将它放在离地面 70 厘米的高处(筒口距地面的距离)盛接雨水。

(4)雨停后,用秤称出瓶中的水重,30 克水相当于一毫米的降雨量。

游戏揭秘:

从天空降落到地面上的雨水,未经蒸发、渗透、流失而在水平面上积聚的水层深度,我们称之为降雨量(以毫米为单位),它可直观地表示降雨的多少。目前,气象台测定降雨量的常用仪器包括雨量筒和量杯。雨量筒的直径一般为 20 厘米,内装一个漏斗和一个瓶子。量杯的直径为 4 厘米,雨量筒中的雨水倒在量杯中,根据杯上的刻度就可知道当天的降雨量了。

春天为什么会"迟到"？

纬度相同的地区,总有些地方的春天比另外一些地方来得晚,这些地方的春天为什么会迟到呢?

你也许会感到费解,做完这个小游戏,你就会恍然大悟了。

必备材料:

一杯深色土,一杯浅色沙,一只玻璃盘,一盏没有灯罩的灯,两支温度计,铅笔,纸。

开始游戏:

(1)把玻璃盘放在灯旁边,一半的盘子装深色的土,一半的盘子装浅色沙,每边各插一支温度计,记下每一边的温度。

(2)打开灯,照射盘子 30 分钟,然后比较这时的温度和开始时的温度。你会发现,深色的土明显比浅色的沙温度高。

游戏揭秘:

浅色的沙在光能转化成热能之前,就已将大部分光线反射回去;深色的土吸收了光,并转化成热能,所以深色的土会比较热。太阳光照射到地球时也是这样。深色地区充分地吸收了阳光,天气很快就变暖了;浅色地区吸收的阳光少,天气变暖的速度就会比较慢。所以在同纬度下,大雪覆盖的地区春天都来得比较晚。

加了米后炒出的花生为何更好吃?

大家知道,米一般用来煮米饭或熬粥,营养好、味道好,我们几乎天天都吃它。不过,你听说过它可以用来炒花生吗? 加了米后炒出的花生可是香喷喷的哦!

必备材料:

带壳的生花生,米,一个炒锅,一把铲子。

开始游戏:

(1)把一部分花生放在炒锅里翻炒,不放米。

(2)翻炒一会儿,把花生倒出来,你会发现有的已经煳了,有的还是生的。

(3)把剩余的花生放入锅里,并把米倒进锅里和花生一起翻炒。

(4)炒一会儿,把花生倒出来,你会发现每颗花生都变得香喷喷的。

游戏揭秘:

花生太大,单炒时受热不均匀,很容易被炒煳,而米的颗粒小,容易受热,把它和花生放在一起炒,能使花生受热均匀,熟得更透又不易煳,还带有一种特别的香味。

土豆为何会软硬不同?

两片同样薄厚的土豆片,一片放在清水里,一片放在盐水里,过一段时间后,它们的软硬程度完全不同。这是为什么呢?

必备材料:

土豆,一把小刀,盐,小勺,两只碗,水。

开始游戏:

(1)在两只碗里倒些水,在其中一只碗里加两勺盐。

(2)用小刀切两片约 7 毫米厚的土豆片,把它们分别放进两只碗里。

(3)一段时间后,取出两片土豆,你会发现,泡在清水里的那一片变得比较硬，而泡在盐水里的那一片却变软了。

游戏揭秘：

放在清水中的土豆片，它的细胞液内盐的浓度大于清水内盐的浓度，所以它就吸收了很多清水；反过来，放在盐水里的土豆片，它的细胞液内盐的浓度比盐水中的少，所以土豆片的水反倒跑进了盐水里，结果土豆片因脱水而变软了。

不成熟的香蕉如何催熟？

不小心买了不成熟的青香蕉也没有关系，教你一个妙招，让青香蕉很快成熟，这样你就可以品尝美味的香蕉了！

必备材料：

一个纸袋，一根细线，两根未成熟的青香蕉。

开始游戏：

(1)把一根青香蕉放进纸袋里，用线把袋口扎紧，放在桌子上。

(2)把另一根青香蕉也放在桌子上。

(3)两三天后，你会发现，袋子里的香蕉已经变黄了，而另一根香蕉基本上还是青的。

游戏揭秘：

与许多水果一样，香蕉自身也会产生乙烯气体，把香蕉催熟。袋子中的香蕉产生的乙烯被困在袋子里，浓度较大，可使香蕉熟得更快；而放在袋子外的香蕉尽管也产生乙烯气体，但大部分都散失到了空气中，因此会熟得慢一些。

一只眼也能迅速锁定目标

如果闭上一只眼睛,用另外一只眼睛来看东西,你会觉得有什么不一样吗?做做下面这个游戏,只许睁开一只眼睛看一个距离你只有十几厘米的点,你能准确地碰到它吗?

必备材料:

一张白纸,一支铅笔。

开始游戏:

(1)用铅笔在白纸上画一个点,把它放在你面前的桌子上。

(2)用一支铅笔垂直去碰那个点,很容易就办到了。

(3)用左手捂住你的左眼,用右手拿铅笔去碰那个点,你会发现,很难再碰到它。

游戏揭秘:

我们的两只眼睛通过不同角度单独确定物体的位置,最终才能够确定物体的距离和空间深度。如果只用一只眼睛观察,空间的深度就难以把握,所以会很难准确地碰到纸上的点。

小腿为何不听使唤了?

你的小腿平时都很乖吧,你让它跳它就跳;你让它往东走,它不敢往西走。可是有一天,你的小腿耍小性子了,它居然不听使唤地自己跳起来。到底是怎么一回事呢?一起来看看吧!

必备材料:

一把橡皮锤子，一把椅子。

开始游戏：

(1)让小伙伴坐在椅子上，一条腿搭在另一条腿上。

(2)你用橡皮锤子敲打小伙伴搭在上面的那条腿的膝盖下方，你会发现，小伙伴的小腿会忽然弹起来。

(3)自己坐在椅子上，让小伙伴重复上面的操作，你会发现，自己的小腿也有同样的反应。

游戏揭秘：

敲击膝盖下方的韧带时，腿部肌肉会将这一刺激信息传至脊髓里的神经中枢，神经中枢接到信号后立即进行处理，使小腿弹起，生物学上称之为膝跳反射。因为这一过程没有大脑的参与，故会使人产生小腿不听使唤的感觉。

手指也会"认"字吗？

手指指端的触觉非常敏锐，盲人就是依靠触觉来感知世界的。想知道盲人是怎样认字阅读的吗？那就一起做个游戏来体验一下吧！

必备材料：

硬纸片，一根针，一个布条。

开始游戏：

(1)找一个好朋友一起做这个游戏，以下两个步骤可别让他看见哦。

(2)在硬纸片上写下"描"字。

(3)把硬纸片反过来，用针顺着字的笔画扎出一些小洞。

(4)好了，现在用布条蒙住你的好朋友的眼睛。

(5)请你的朋友顺着这些小洞仔细摸摸。

(6)猜到结果了吗？你的朋友认出这个字了。

游戏揭秘：

手指指端分布着很多神经感受器,指尖的皮肤能灵敏地觉察凹凸的变化。手指接触到凹凸不平的笔画时,头脑中就会拼出相应的字形,所以,即使不用眼睛,你也能大致"认"出这些字来。盲人就是通过这种方式来认字的。

自己挠痒痒为什么不会发笑？

生活中再平常不过的挠痒痒其实也蕴含了科学原理,你知道是什么科学原理吗？

必备材料（条件）：

朋友。

开始游戏：

(1)让朋友挠你的胳肢窝,你一定会忍不住大笑起来。

(2)自己挠自己的胳肢窝,你却不会发笑。

游戏揭秘：

当我们身体脆弱的地方受到外界刺激的时候,会本能地反应为受到攻击或者侵害,然后我们的身体做出反应,比如,缩成一团保护脆弱的地方。如果再有人挠我们痒痒,我们的身体就会感觉很紧张。而我们自己挠自己身体的时候,我们知道自己可以控制,于是身体放松,也就不会笑出来了。

为什么无法判断水温？

经过冷热洗礼以后,我们的皮肤无法准确地判断水温了。

必备材料:

三个水盆,冷水,常温水,热水。

开始游戏:

(1)将三个水盆在桌子上依次摆开,分别倒入冷水、常温水、热水。

(2)先把左右手分别放到盛有冷水和热水两个盆子里。最后,把两只手全部放到常温的水中,起码在十秒之内,你是无法感觉到水是凉的还是热的。

游戏揭秘:

所谓冷与热是以我们的皮肤温度做出的一个对比。当两只手分别接触不同的温度的水以后,对于左手来说,常温的水就是热水;可是对于右手来说,常温的水就是冷水。

如何延长报纸的寿命？

报纸放不久就会变黄,不易保存。我们可以采用下面的方法来增加它的寿命。

必备材料:

氧化镁,小苏打水,塑料盆,报纸,吸水纸。

开始游戏:

(1)将氧化镁和小苏打水一起倒入盆中,混合均匀,然后将报纸放在盆中浸泡一小时。

(2)报纸浸泡后取出,用吸水纸吸干报纸上的水分,然后将报纸晾干。

游戏揭秘:

经过这样处理的报纸可以保存很长时间。这是因为报纸在制作过程中,会用到二氧化硫等酸性的试剂,而在酸性的环境下,空气中的氧气会腐蚀掉报纸中的纤维。所以我们只要使得报纸保持中性就可以了。氧化镁和小苏打水混合之后,产生了碳酸镁,而碳酸镁又会与报纸中的酸性物质产生化学反应,从而达到我们的目的。

苹果为什么能吃掉油腻?

水果也能当抹布使用吗?答案是肯定的。让我们进行下面的游戏看看这种奇怪的抹布吧。

必备材料:

苹果,有油渍的盘子。

开始游戏:

(1)切开苹果,将其切面在有油渍的盘子的表面轻轻地抹动。

(2)盘子变得光亮了。

游戏揭秘:

苹果中含有大量的果酸,尤其是刚切开的苹果切面上的果酸含量是最多的。这个时候用苹果切面在盘子表面上轻轻抹动,果酸就会和盘子中的油腻物质发生化学反应,生成溶于水的物质。于是盘子变得光亮了。

为什么会"看花了眼"?

当我们来到商店中挑选琳琅满目的商品时,常常会说:"太多了,都挑花了眼了!"为什么会看花了眼呢? 这里面有一定的科学道理,先让我们做一个简单而有趣的小游戏吧。

必备材料:

一个红色物体,一个绿色物体。

开始游戏:

(1)取一个红色的物体放在阳光下,目不转睛地注视一两分钟,然后突然抬起头来,把眼睛转向白色的天花板。

(2)这时候,你会看到一片飘浮着的蓝绿色。它的轮廓和红色物体一样,而且色彩非常鲜艳,这种颜色可以连续存在几秒钟;如果消失了,只要你眨一下眼睛,它又会出现。

(3)如果换一个绿色的物体重做这个游戏,在你的眼里就会浮现出一片红色,它的颜色比任何红绸布的颜色都鲜艳。这种情况我们就称之为"看花了眼"。

游戏揭秘:

原来,在人眼睛的视网膜上有一些专门负责感知颜色的视神经细胞,叫锥形细胞。它们分为三类:一类专管接收红色光,一类专管接收绿色光,一类专管接收蓝色光。当红、绿、蓝三色光按一定的比例同时进入眼睛的时候,大脑感知的是白色,如果红、绿、蓝按不同的比例射入眼睛的时候,就会产生各种不同的色感。

报纸上的字为什么会变大？

必备材料：

大头针，一张黑色纸板，一张报纸。

开始游戏：

(1)用大头针在一张黑色的纸板上刺上一个孔，紧靠眼睛进行观察。

(2)拿一张报纸放在后面，像透过放大镜一样，上面的字迹就会大起来，看上去更加清晰。

游戏揭秘：

这一现象的原理首先是来自光线的所谓"衍射"。进入小孔的光线被拉长，所以报纸上的文字被放大。上面的清晰度，来源于小孔成像原理——类似照相机的光圈——只有细长的光束可以通过，而干扰清晰度的边缘光线一律被挡在外面。这个小孔设备，必要时可以当眼镜使用。

蚊虫叮咬后止痒小窍门

夏日的时候，蚊虫总是特别多，当被蚊虫叮咬后，有什么小窍门来止痒呢？

必备材料：

肥皂水，清水，毛巾。

开始游戏：

(1)被蚊虫叮咬后，先用毛巾蘸取清水擦拭。

(2)给红肿处涂上肥皂水，你会发现不痒了。

游戏揭秘：

蚊虫叮咬人之后，皮肤会红肿，然后感觉很痒，这是由于蚊虫给皮肤注射了蚁酸进去，所以特别不舒服。肥皂水是碱性的，擦在皮肤上以后可以中和蚁酸的酸性。

桃子茸毛怎么没了？

桃子是大家比较喜欢吃的水果，桃子一般都毛茸茸的，沾到身上后很不舒服。用什么方法巧妙地除去桃子的茸毛呢？

必备材料：

新买的桃子，食用碱，塑料盆，清水。

开始游戏：

(1)在塑料盆中放入清水，加入少量食用碱，使其完全溶解。

(2)放入桃子，浸泡几分钟，用手揉搓，只见桃子的茸毛都自动脱落了。

游戏揭秘：

桃子茸毛与桃子的表皮连接得不是很固定。当放入食用碱以后，碱水浓度比较大，破坏了绒毛与桃表面的附着关系，于是桃子茸毛就纷纷落下来了。

手臂怎么变短了？

我们不是机器人，手臂可以任意变短吗？

必备材料：

空旷的场地。

开始游戏：

(1)双手水平前伸,两条手臂的长度基本上是一样长的。保持一手仍然水平前伸,另一手做 30 至 50 次屈伸运动,注意手臂要保持水平,动作幅度稍微剧烈点。

(2)然后双臂回到原始前伸的状态,你会很惊讶地发现运动的手臂忽然短了好几厘米。

游戏揭秘：

人体的关节之间是充满空隙的,里面充满了关节液,当手臂进行屈伸运动的时候,肌肉和韧带一直在来回伸缩,停止运动后,肌肉和韧带会产生暂时性的收缩,而且关键空隙也会相应缩小,所以手臂就会变短,稍等一会儿后,就会恢复到原来的长度了。

"视而不见"的原因是什么？

东西放在眼前,瞪大眼睛也会看不见,你信不信？让我们来做一做下面这个有趣的游戏。

必备材料：

白纸,直尺,铅笔。

开始游戏：

(1)在纸上画两个齐平的黑点,两点相距 10 厘米。

(2)将白纸放在面前,用右手挡住右眼,让左眼对准右边的黑点,把纸向外移动,移到距离眼睛 26 厘米至 30 厘米处,这时原来左眼能看到的左边的黑点突然消失了。

(3)再换成右眼,按上述步骤操作,结果一样。

游戏揭秘：

为什么黑点会消失呢？原来，在人的眼球后部，有一个无视觉细胞，不能感受光的刺激的区域，这个部位被称为"盲点"。凡是外界物体投影在"盲点"上，影像就会从人的眼前"消失"。

盐为何会变成甜的？

一般来说，加入盐会让食物变得咸一些，加入糖会让食物变甜，但是世界上没有绝对的事情，比如下面这个游戏中，加入盐之后，你反而感觉更甜了。

必备材料：

一碗甜的红豆汤，糖，盐，一个空碗，西瓜。

开始游戏：

（1）做出一份甜的红豆汤，在加完糖之后将它分成两碗（这样可以保证两碗中的红豆汤含有均匀的糖分）。

（2）喝完第一碗，然后在第二碗中加入少量的盐再喝，你会感觉第二碗的红豆汤更甜一些。

（3）并不是红豆汤有什么特殊，我们再切开一个西瓜，切出两份，在其中一份西瓜上撒上少许的盐，先吃完没有加盐的那份，再吃第二份，你也会同样感觉到西瓜更甜了。

游戏揭秘：

其实，并不是盐真的让食物变甜了，而是我们的器官造成了错觉。味道是经由舌头上的味蕾的部分所感知的。如果持续地给予味蕾甜的刺激，那么，它对甜味的感觉会慢慢迟钝。此时如果给予味蕾和甜味相反的刺激，会使味蕾对甜味的敏感度再次恢复。

毛线也能过滤水？

毛线也能过滤水，不妨动手试试，亲手验证一下毛线的神奇作用。

必备材料：

一根毛线，两只空杯子，一本厚书。

开始游戏：

（1）找一只杯子，在里面放入一些泥土，然后再倒一些水，使泥土和水混合起来。

（2）找一只空杯子（与装混合物的杯子一样大小），把它放在桌面上，然后把盛有混合物的杯子放到桌子上的一本比较厚的书上。

（3）将毛线完全浸湿后横跨两只杯子的杯沿，毛线两端分别伸入两只杯内。耐心地等一会儿。你会发现，混合物中的水已经全部转移到空杯子里去了，而且，水还是很清亮的。

游戏揭秘：

这个实验利用了毛细管现象。水会沿着毛细管自动上升，这是因为毛细管里的分子与水分子互相吸引造成的，而且，毛细管越细，水吸得越快。

手指能不停地被拉响吗？

很多人喜欢把手指关节弄得嘎嘣嘎嘣响。别以为这是件很简单的事，实际上，人手指上的任何一个关节都无法在五分钟内拉响两次。不信你自己试试看。

必备材料：

手表。

开始游戏：

准备一块表，首先把手指的某一关节掰响，听不见响声时，开始计时，如果在五分钟内，你能把同一关节再弄响，那么你就赢了。

游戏揭秘：

手指关节能发出响声是由于气泡破裂而引起的。人的手指关节中有一定量的液体，液体中溶解有少量气体。当手指关节拉伸时，液体受到的压力减小了，原来溶解在液体中的气体就从中跑出来了（打开汽水瓶盖时也会出现这种现象）。但是手指关节中的气泡无法跑到别的地方去，再过大约十五分钟，气泡又被手指关节的液体吸收，所以你要想把手指头再次弄响，一定要耐心等十五分钟才行，而在五分钟内是办不到的。

不能"头碰头"的铅笔

让两支削尖了的铅笔碰在一起，笔头对笔头，是不是很容易做到？就是闭了眼睛也能办到。别急，你不要太自信了，试着闭上一只眼睛做这个游戏，结果会是什么样的呢？

必备材料：

两支削尖的铅笔。

开始游戏：

（1）找一个你的小伙伴一起做这个游戏。你拿一支铅笔，你的同学拿一支，离开五十厘米左右面对面站立。

（2）让笔尖朝外，两人都闭上一只眼睛，将笔尖慢慢移向对方。

（3）试着让两个笔尖碰在一起，你们将很快发现，无论怎样努力，还是没有成功。

游戏揭秘：

生活中，我们依靠双目视觉和视觉的深度感来判断目标的位置。如果闭上一只眼睛，视觉的深度感就消失了，这样就无法准确判断视野中各物体的前后位置，所以两个笔尖就不容易碰到一起了。

为什么走不了直线了？

对于正常人来说，走路是再简单不过的一件事了。但是，在让你连续完成一些动作后，怎么连走个直线也变得很困难了呢？这真让人困惑了。

必备材料：

一个凳子。

开始游戏：

（1）叫上一个小伙伴。把凳子放在房间中央的地板上，让你的小伙伴站在距离凳子五米远的正前方。

（2）以正对你的小伙伴的位置为起点，用手摸着凳子表面的中心点，围着凳子顺时针快跑七圈。

（3）结束转圈，站直后走向你的小伙伴，试着沿直线走到他的面前。

（4）结果你会发现，脚好像不听指挥了，你总是会向右手边拐过去。

游戏揭秘：

人的内耳中有个前庭器官，它起着维持身体平衡的作用。当你转圈时，这个信息会传递给大脑，由大脑发出指令调节身体平衡。当你在转圈过程中突然停下来时，这一指令还在继续指挥着，你当然还会继续拐弯，自然就走不直了。

水垢为什么不见了?

电水壶和热水瓶里的水垢对人体有害,麻烦的是,要除掉它们并不容易,有什么好办法吗? 有,用醋就能搞定。

必备材料:

结了水垢的热水瓶,热水,醋。

开始游戏:

(1)将热水瓶放在房间里的空地上。

(2)拿掉瓶塞,将醋倒入热水瓶里并加入一些热水。

(3)盖回瓶塞,将热水瓶上下颠倒摇晃一阵。

(4)一段时间后,拿掉瓶塞,倒掉热水瓶里的醋往里看,你会发现瓶底的水垢不见了。

游戏揭秘:

自来水是中性溶液,醋是酸性溶液。水垢不易溶解于中性溶液中,却能溶解于酸性溶液中。把醋放进热水瓶里,水垢就会溶解在醋里面,消失不见。

手指为何变"迟钝"了?

手指的触觉可灵敏了,圆的、尖的……一碰就知道了。但奇怪的是,这次手指却突然变"迟钝"了。难道受到什么"刺激"了? 别紧张,这是在做实验呢。

必备材料：

一块布条，牙签，一盆冰块，小皮球。

开始游戏：

(1)找一个小伙伴一起做这个游戏。

(2)用布条轻轻蒙上你的小伙伴的眼睛，"指挥"他将右手插入盆里的冰块中，两三分钟后把手拿出。

(3)依次拿牙签、小皮球碰碰他右手被冻过的指尖。

(4)让你的小伙伴说说哪是牙签哪是小皮球，你会发现，他根本就分辨不出来。

(5)再用牙签刺他指尖，还是没有反应。

游戏揭秘：

手指指尖上分布着很多触觉神经感受器，当指尖受到外界刺激时，这些感受器就把信息传递给大脑。但是，当指尖处的温度很低时，这些感受器就会暂时停止工作，手指就变麻木了，当然就分辨不出碰触的物体是尖的还是圆的了。

无色无味的空气很干净吗？

白布当然容易脏喽！就是你已经很小心了，空气里还是有不少灰尘。想不想看看空气是如何被污染，那就一起动手试试吧！

必备材料：

一块干净的白布，剪刀，彩色卡片，胶水。

开始游戏：

(1)用彩色卡片纸剪出一朵花的形状。

(2)将剪成花朵形状的卡片纸粘到白布上。

(3)将白布挂到街边的树上。

(4)十天后,取回白布。你会发现,没被卡片盖住的布面已经很脏了,而被卡片盖住的地方却比较干净。

游戏揭秘:

空气看不见摸不着,其实就在你的周围。空气脏不脏,你想过这个问题吗?告诉你,其实空气里充满了各种被污染的粉尘颗粒,这就是白布变脏的原因。

橘皮也能当爆竹吗?

逢年过节,我们肯定要燃放各种各样的爆竹,可是你听说过橘子皮也能当爆竹放吗?它不但能发出爆裂声,还会迸射出火花。快来看看吧!

必备材料:

一支蜡烛,一个橘子,一盒火柴。

开始游戏:

(1)剥开橘子,把橘子皮留下。

(2)找一间黑暗的屋子,点燃蜡烛。用双手使劲捏橘子皮,然后把橘子皮靠近烛火。

(3)你不仅能够听到爆裂声,还能看见美丽的小火花。

游戏揭秘:

橘子皮中含有丰富的植物油,这种油具有很强的挥发性。当把橘子皮靠近蜡烛火焰使劲挤时,挥发在空气中的油就会剧烈燃烧发出爆裂声,并迸射出小火花。

你能写出相反的字迹吗?

刻意写出相反的字迹很难,下面这个游戏能让你有意外的收获。

必备材料:

一张纸片,一支笔。

开始游戏:

(1)将纸片放在额头上,尝试把你的名字写在上面。

(2)写完以后拿下纸片,你会发现自己写出来的名字是反的。

游戏揭秘:

当纸放在额头上以后,人还是保持原来的书写习惯。所以你还是会从左开始,向右写去,这样字体也就倒转了方向。

为什么没有铝制器皿呢?

为什么我们生活中应用的金属器皿一般没有铝制品呢?

必备材料:

小铝片,剪刀,醋,玻璃杯。

开始游戏:

(1)用剪刀从牙膏皮或其他铝制品上剪下一小块铝片。向玻璃杯中倒入一些醋,再将铝片放入醋中。

(2)静止两天以后,你会发现沾着醋的那一面的铝变暗了,而靠近空气的那一面铝的颜色并没有发生变化。

游戏揭秘：

铝是一种活跃的化学物质，它与酸性和碱性物质都会发生化学反应而产生其他物质。生活中的很多物质具有酸性或者碱性，所以很不适合用铝制器皿。

肌肤也能尝出"味道"？

我们都知道舌头可以品尝味道，其实肌肤也能感受味道。

必备材料：

辣椒油。

开始游戏：

(1)将辣椒油轻轻地涂抹在皮肤上，等待2分钟至3分钟。

(2)皮肤感觉到强烈的灼热感，立刻用清水洗净辣椒油，这个时候皮肤感觉舒服多了。

游戏揭秘：

皮肤没有味觉功能，所以不能感受辣味，而皮肤能对辣有所反应和感觉，那是因为"辣味素"(产生辣味感觉的某些成分)可以被水所溶解，并且由皮肤的毛孔、汗腺等吸收而进入皮肤内，刺激到神经末梢，使人产生"火辣辣"的"刺痛感"。